政府が後援する暴力教育

利潤と新しい病気のつきることなき源泉

# 現代の蛮行

マスコミと、産業から支援された政治家たちの欲得によって

科学の名のもとに隠蔽された

スケープゴート（いけにえ）

麻薬中毒者の「奇跡の特効薬」開発という名目で、政府の助成金でむりやり麻薬中毒にさせられる子ザル。しかしそれらの新薬は麻薬よりも依存性が強く、一層有害であることが証明されている。

麻薬の禁断症状で鳴き叫ぶサル。「奇跡の特効薬」をテストしようとする"科学者"の注射針から逃れようとしているところ。こうした麻薬中毒の薬は、人間に使用されると新たな依存症を作り出すことになる。その1例はメサドンである。つまり悪魔払いをするのに魔王（サタン）を呼び出すようなものだ。スイス、ルツェルン在住の米国人麻薬専門家カール・J・ダイスラー博士は、『スイス画報』（1977年8月29日号）のインタビューでこう語っている。「第1の麻薬ヘロインは外国からスイスに持ち込まれたものだ。だが第2の麻薬メサドンはスイスで作り出された。この薬は米国だけで毎年千人を上回る死者を出している。ヘロイン中毒の患者が再びヘロインに戻っていくまでのつなぎにすぎないんだ」

からだを拘束され、死ぬまで苦しめられるサルたち。ガッチリした鋼鉄のベルトからはたえまなく電気ショックが襲い、サルたちにてんかんの発作のような症状を引き起こす。サルたちはけいれんを起こし、口から泡をふき、気絶する。この実験の目的は抗てんかん薬の開発だ。しかし人間のてんかん発作は体の内部から起こるのであって、連続した電気ショックによって起こるわけではない。今世紀初めから行われてきたこのようなテストは予想にたがわずすべて失敗した。てんかん患者は増え続けているが、ばかな助成金目当ての山師たちの手に"医学研究"がゆだねられていれば無理もないことだ。

臆面なき世論操作の実態：「厳しい規制の結果、苦痛をともなう実験はもはや下火になっている」(『ニューズウィーク』1978年3月27日号。「厳しい規制」など存在しないという反論はすべて無視された。)

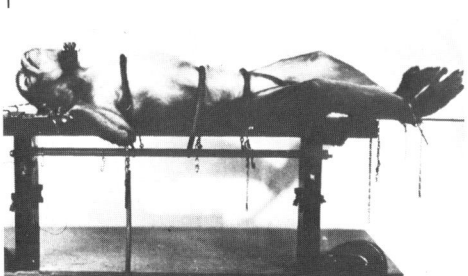

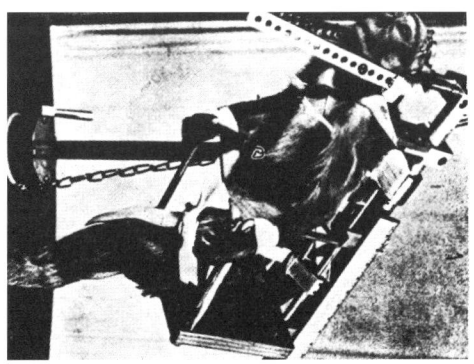

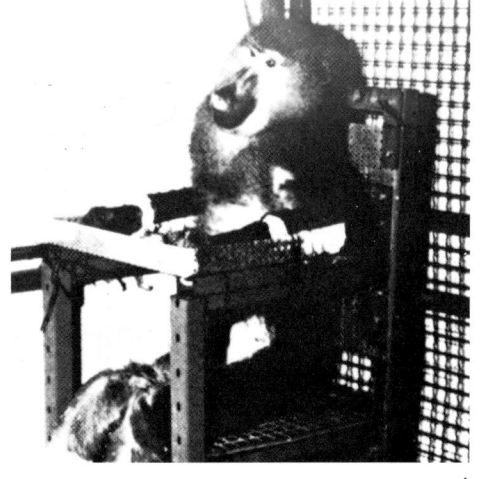

（1）旧式の米国製固定装置。
（2）ワシントン・ヘルスセンターの新型モンキーチェア。
（3）米国製ジーグラーチェア。「イスずれ」が悪化しないようにサルを動かせるようになっている。この装置のおかげでサルたちは4年もの間、頭蓋骨に穴をあけてむき出しにした脳を刺激したり、頭蓋骨に窓を埋め込んだりする実験に耐えなければならなくなった。
（4）ハーバード大学で開発された最新のモンキーチェアと、大動脈の移植手術を受けてから4か月間イスに固定され、そのまま死亡したヒヒ。

臆面なき世論操作の実態：「研究のために解剖が必要な場合は、動物に十分麻酔をかけて行っています。必要な観察がすんだ後は、動物たちは意識を取り戻さずにそのまま永遠の眠りにつくのです」（『ニューヨーク・タイムズ・マガジン』1967年2月26日号でのローレンス・ゴールトン氏の発言。これに対する反論も無視された。）

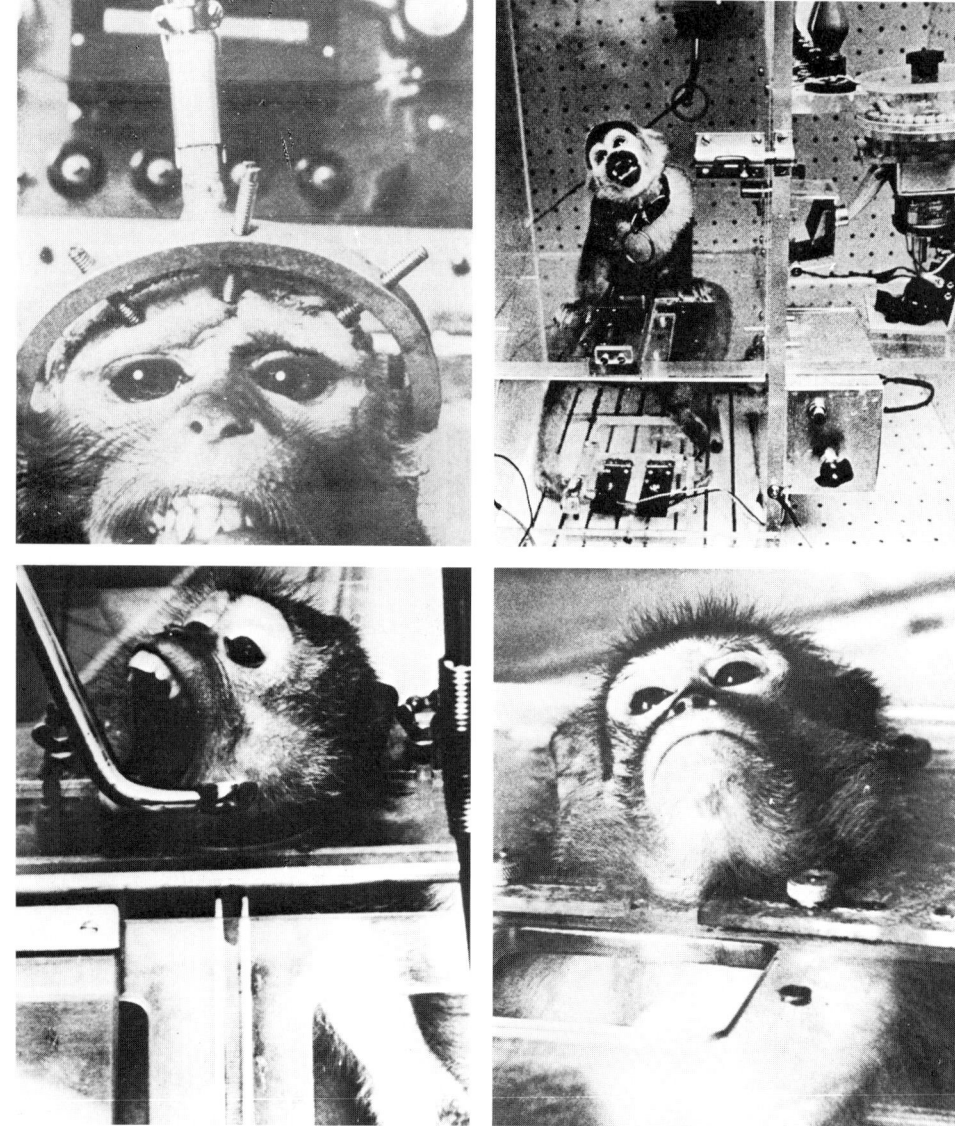

「このような考えは、下等な動物の実験で得られる基礎的な事実を病気の人間にも当てはめようというものだ。私は生理学者として訓練を受けた以上、これを批判する多少の資格があると思うのだが、こんなことはナンセンスだと断言する」（オックスフォード大学欽定医学講座教授ジョージ・ピッカリング卿。『ブリティッシュ・メディカル・ジャーナル』1964年12月26日号。）

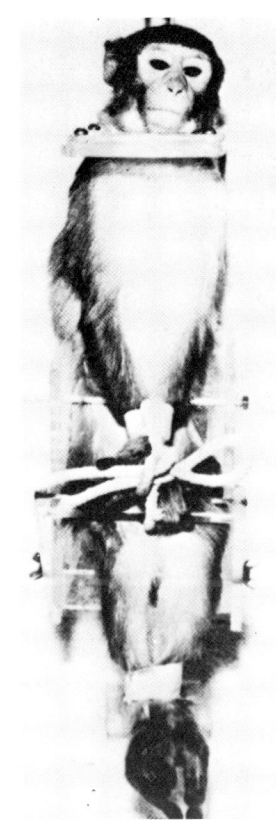

臆面なき世論操作の実態:「手術後に動物がまだ生きている場合は、人間の手術をしたときに準ずる手当が行われます」(『ニューヨーク・タイムズ・マガジン』1967年2月26日号。ローレンス・ゴールトン氏。反論はなにひとつ取り上げられなかった。)

(1) 終りなき拷問。サルたちの頭蓋骨には穴があけられ、脳の中には電極が埋め込まれている。

(2) あるロックフェラー財団病院で。額から後頭部にかけて頭蓋骨を切り開く大手術を受けたサル。壁にしがみついている。

(3) 十分に意識があるサルの脳にさまざまな化学物質を注入するための新型のプラスチック製ヘルメット。

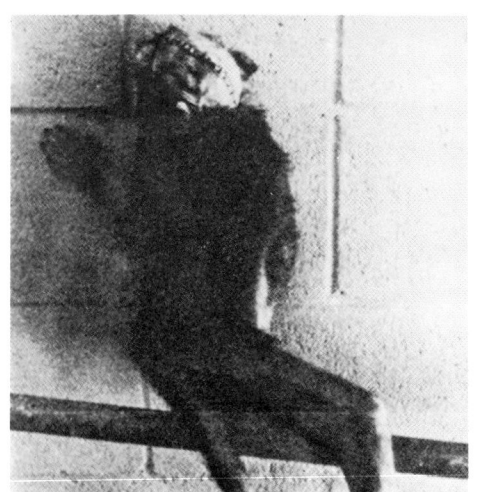

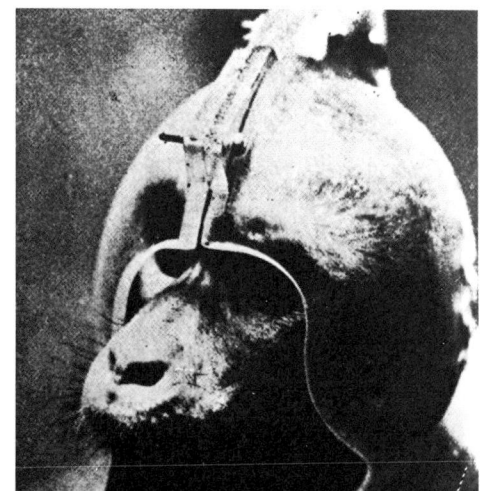

(写真ヘンリー・スピラ、1977年。)

（1）1966年以来、メリーランド州ベセスダにある米国放射線生物学研究所では、ここに見られるような実験が繰り返し行われてきた。まず、239頭のアカゲザルを18時間絶食させた後、電気ショックによって回転ドラムの中を走るように「促す」。これを8週間続ける。つぎにサルたちに大量の放射線を照射し、再び、ただしこんどは死ぬまでドラムを走らせる。衰弱して嘔吐しながら死んだサルたちの平均生存時間は37時間だった。

（2）放射線を大量に照射したサルを輸送するための安価で省スペース的な固定装置の作り方。『ラボラトリー・アニマル・サイエンス』（1972年6月発行第3号）。

（3）「どうすればサルの精神を完璧に破壊することができるか」を知るために、エサ入れに電流を流すことから始まって長期におよぶ精神的・肉体的拷問がつぎつぎと考え出されていった。

（1）「科学的偉業」。実験室の"芸術家"は、もともと人類特有の病気である梅毒をチンパンジーにうつしてみた。いつになれば安らかに死なせてもらえるのだろうか。

（2）サルの脳の一部をコンピューターでおきかえる実験。機械の前では子どもじみた好奇心にかられた科学者が、ボタンを押すとサルがどんなふうに腕を上げるかワクワクしながら見守っている。

（3）ウィスコンシン大学霊長類センターのハリー・F・ハーロウ博士の奇抜なアイデアに基づいて「隔離がもたらす影響」の実験を受けたチンパンジー。博士は「愛情」（原文ママ）を研究するために56頭の生後まもないチンパンジーを母親から引き離し、1頭ずつ別々に、しかも何頭かは完全な暗室に隔離して、最高8年間飼育した。「この動物は血が出るまで自分の体をかんだり、引っかいたりする」。観察者の側からしか見ることのできないガラス窓からチンパンジーを観察したハーロウ博士は、こう報告している。

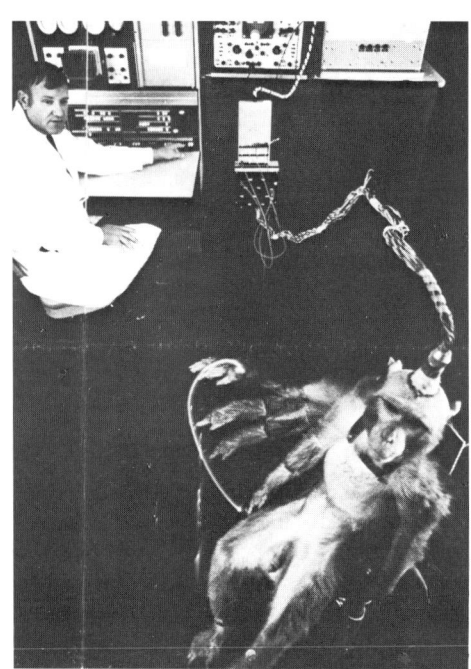

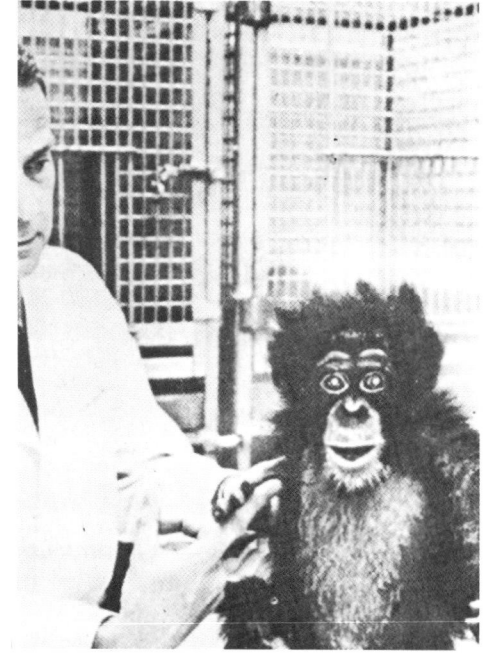

## オハイオ州クリーブランドのロバート・ホワイト博士

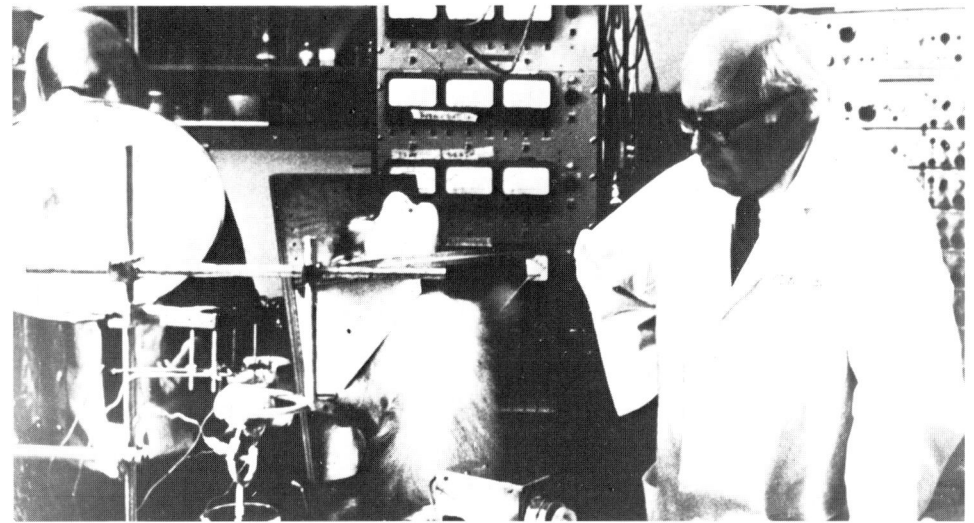

サルの頭の移植実験を多数行ったこの"科学者"は、1977年、ついに人間の頭部移植が可能になったとおごそかに宣言した。現在（1984年）のところ彼に賭けた者はひとりもいない。おそらく、神経の両断面を成長させて脊髄と脳をつなぐのは不可能といううわさがひろまったためだろう。患者は（仮に手術が成功しても）多分ずっと病院から出られず、機械の助けを借りなければ呼吸も話もできないだろう。患者はホワイト博士のサルが味わったと同じ苦しみを受けるのだ。手術後7日以上生存したサルはいなかった。彼らの顔や舌は徐々にふくれあがり、まぶたは厚くはれてやがて永久に閉じてしまった。

(1) 死にかけたサルの鼻と口から血がしたたる様子を"科学的"ポーズで観察しているホワイト博士。

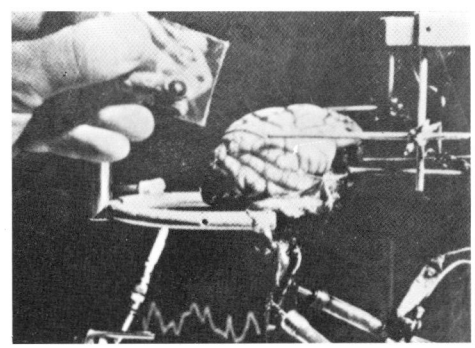

(2) 取り出されたサルの脳はオモチャのカエルの声にどう反応するか？

(3) ホワイト博士は移植実験に先立ち、サルの脳の血液をすべて抜き取り、その脳をいったん冷却した後、再び血液を送るなどの実験を行った。頭や胴体を取り替えることに興味のある人は下記に手紙を：
Dr. Robert White, Case Western Reserve University, Cleveland, Ohio, USA.

## 笑って死のうよ……

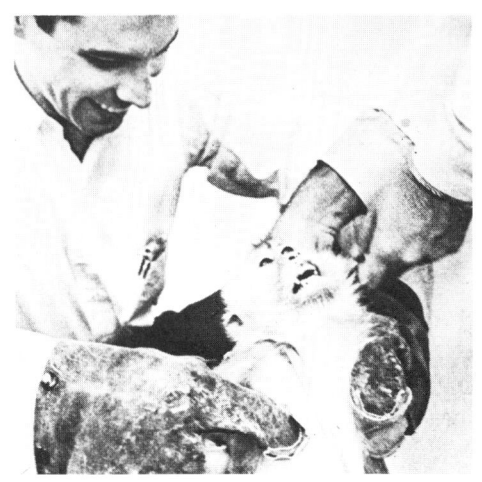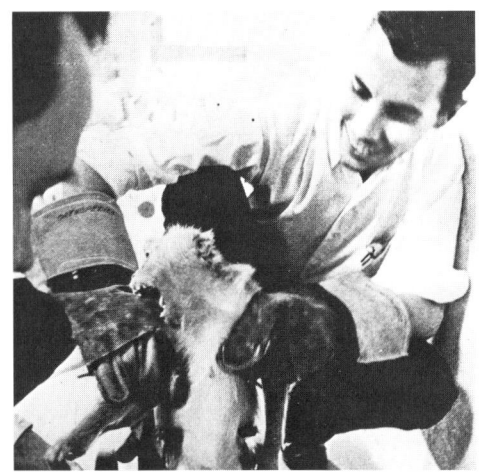

　自動車事故がどんな結果をまねくかは、前世紀の末、最初のダイムラー自動車が道路に現れて以来、知られるところである。ただたんにそれを確かめ莫大な助成金を正当化するために、1965年、ニューオーリンズのチューレイン大学医学センターでは350頭のアカゲザルをコンクリート壁に叩きつける実験を敢行した。だが、サルは人間より軽くはるかに柔らかいから、信頼性のある結果は得られない。写真上は「病理学者」が笑いながらこれから実験に使うサルの脇の下をくすぐっているところ。ふざけているつもりだが、サルはおびえて鳴き叫んでいる。

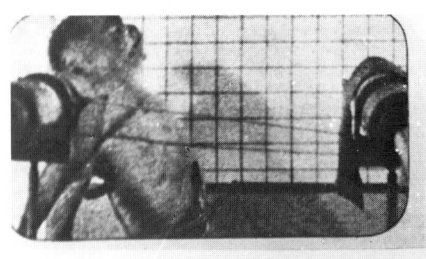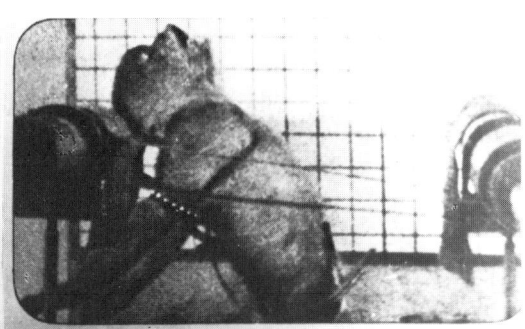

（１）いましがた、仲間のサルが「ムチ打ち症の実験」を受けるのを見ていたサル。こんどは彼の番だ。

　チューレイン大学の実験は、やがて米国、日本、ヨーロッパの大勢の"科学者"たちをサルを自動車もろともにこっぱみじんにする実験へ駆り立てることになった。1968年には、オクラホマ大学のウォレン・M・クロスビー博士が妊娠したヒヒのムチ打ち症実験を"発明"。彼はこの仕事と『メディカル・トリビューン』（1968年9月5日号）の論文のおかげで10万3,800ポンドの政府助成金を得た。『クリニカル・メディスン』（1969年6月号）には「脳振とうを起こすのに必要なエネルギー量を確かめる」ための、この種の衝突テストがさらに何種類も報告されている。これらの"科学者"が到達したいかめしい「結論」は、3輪車に乗ったことのある4歳の子でもとっくの昔に知っていることだった。いわく「損傷の程度を決めるのは速度である」（原文ママ）。

（２、３）"人類の福祉"に貢献するという名目で政府予算の分け前にあずかっている"楽しい実験"。

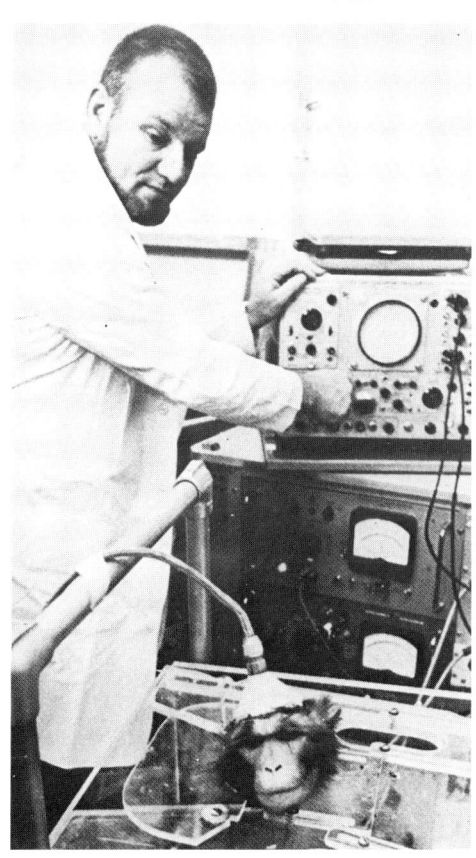

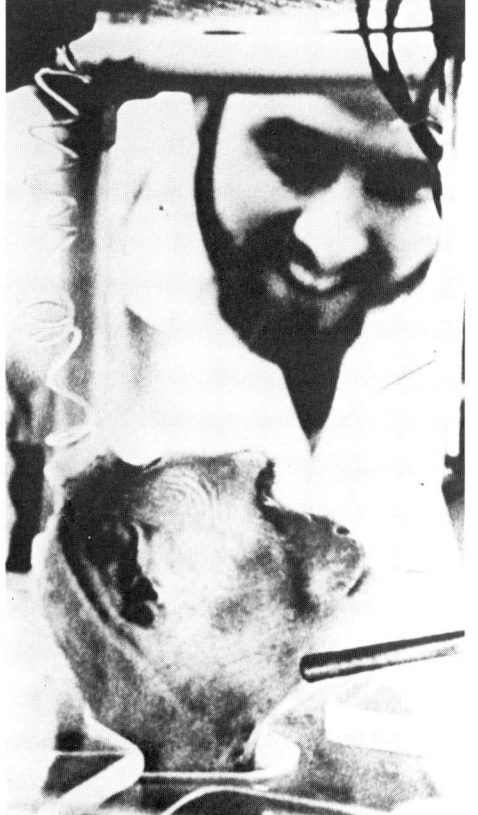

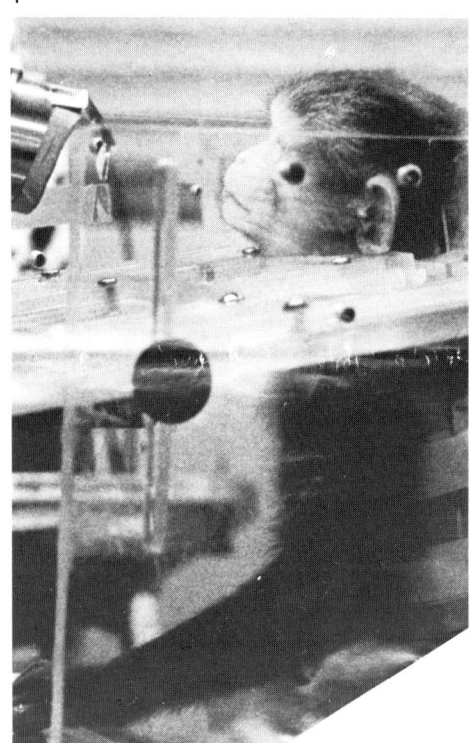

（1）レーザー光線を照射されたサルの目はジュッという音をたてて破裂した。
（2）殺人狂のいけにえ。「苦痛が攻撃性におよぼす影響」の研究として行われた実験。2頭の穏和なサルが電気ショックの拷問を受け、この種の実験を行うのと同種の殺人衝動をかき立てられ、殺しあいをしようとしているところ。アトランタのヤーキーズ霊長類センターのこの実験には米国民の税金が使われた。写真はどちらも、1979年『ニューヨーク・タイムズ・マガジン』に発表されたものだが、この名高い雑誌は、病的で感覚の麻痺した行為を断罪するかわりに、実験を非難する動物実験反対運動家を批判しばかにした記事をのせたのである。

実験用のサルの供給地はアジア、アフリカ、南米だ。まず大きな網でサルを追い、つぎに子ザルを抱いたメスザルを樹から射ち殺す。子ザルは死にかけた母ザルにしがみついているからいとも簡単につかまってしまう。せまいオリにつめ込まれて欧米の実験施設へ送られる長旅の途中、恐怖、外傷、精神的な苦しみなどのため75％ものサルが死ぬことがある。毎年、米国の実験施設に送られてくる生きたサルはおよそ8万5千頭だが、捕獲時や輸送中に死ぬサルは40万頭から50万頭を下らない。このため数種のサル、なかでもチンパンジーは絶滅の危機に瀕している。

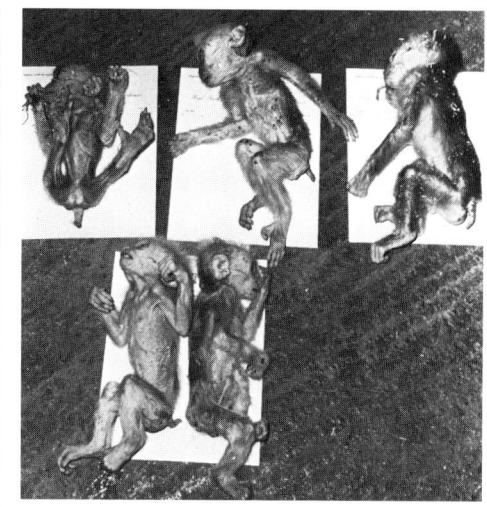

（1）輸送用のオリにつめ込まれたサルの子どもたち。

（2）1971年のこと、ロンドン空港で過密輸送のため数百頭のサルの赤ちゃんが死んでいるのが見つかった。

（3）タバコは有害か無害か？ 実験費用を払う側しだいでそのいずれかを「証明」するために、毎年何千匹という動物がチェインスモーク（連続喫煙）を強いられる。

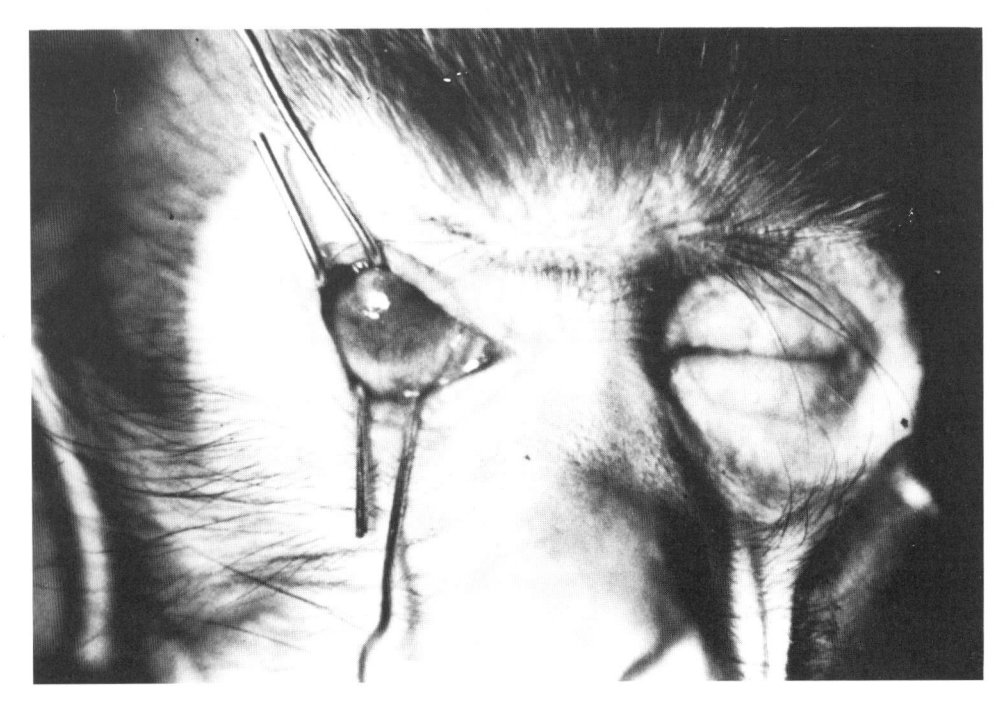

放射線照射実験で焼けただれたサルの目。

手術台にしばりつけられるサル。

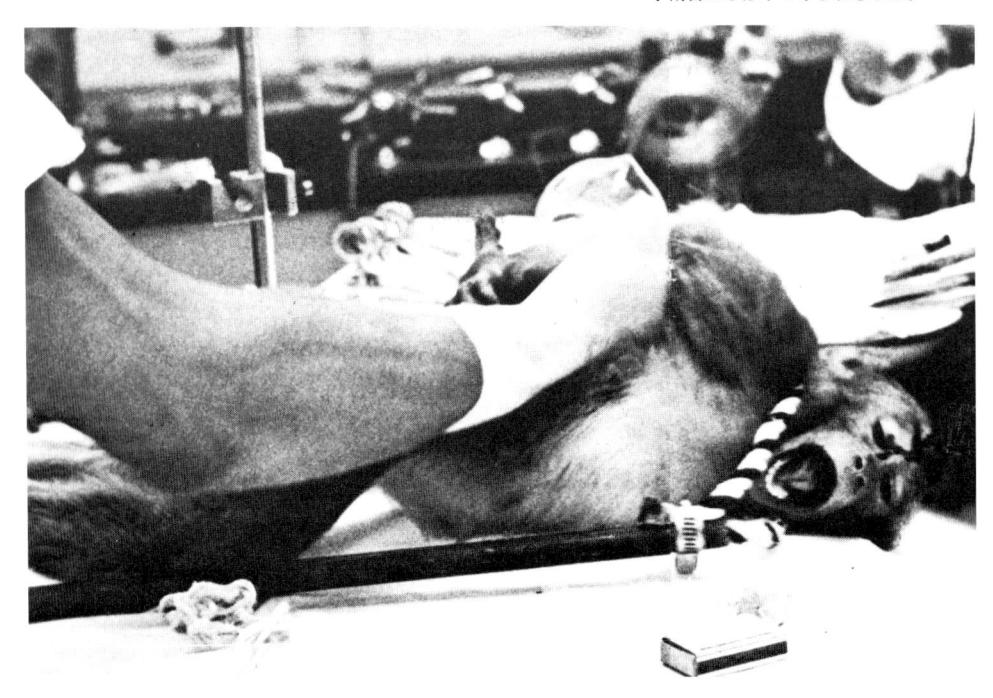

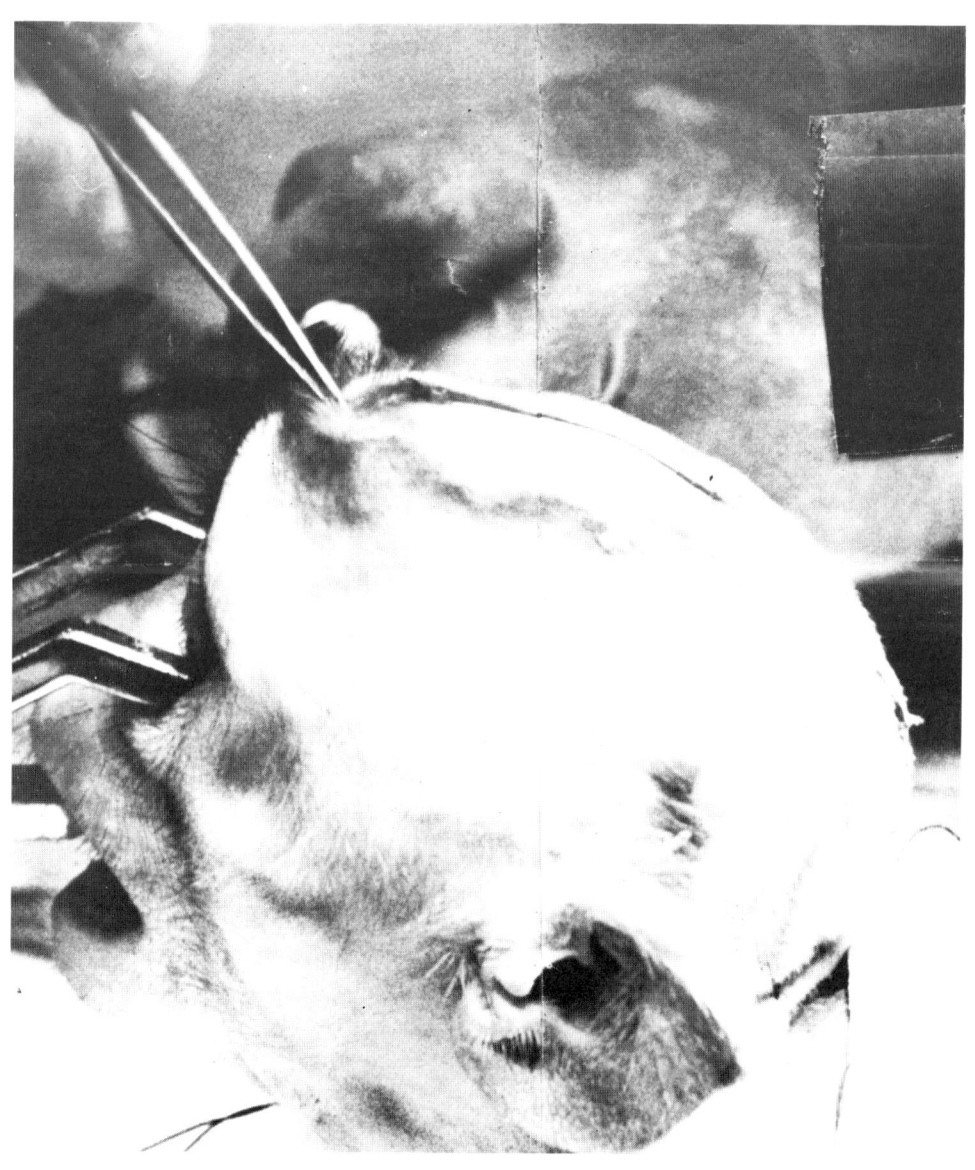

　ロバート・ホワイト博士の実験室。サルの頭蓋骨を開いて脳を取り出そうとしているところ。ドイツの週刊誌『シュテルン』（1973年3月1日号）より。眼のくぼみに差し込まれた2本の鋼鉄の棒と、舌を上あごに押しつけておく止め具のために、サルは全然身動きができない。米国から世界中に輸出されているこの種の脳定位固定装置を知っている者にとっては、南アフリカのクリスチャン・バーナード博士が、なぜ麻酔をかけずにサルの手術をすることが不可能かを語ったつぎの言葉は笑止千万だ。博士いわく「ヒヒが逆に外科医を引き裂いてしまうかもしれないからね」。冗談ではない、博士も見たことがあるはずだ。この脳定位固定装置からはどうがんばっても逃れようがないではないか。

1

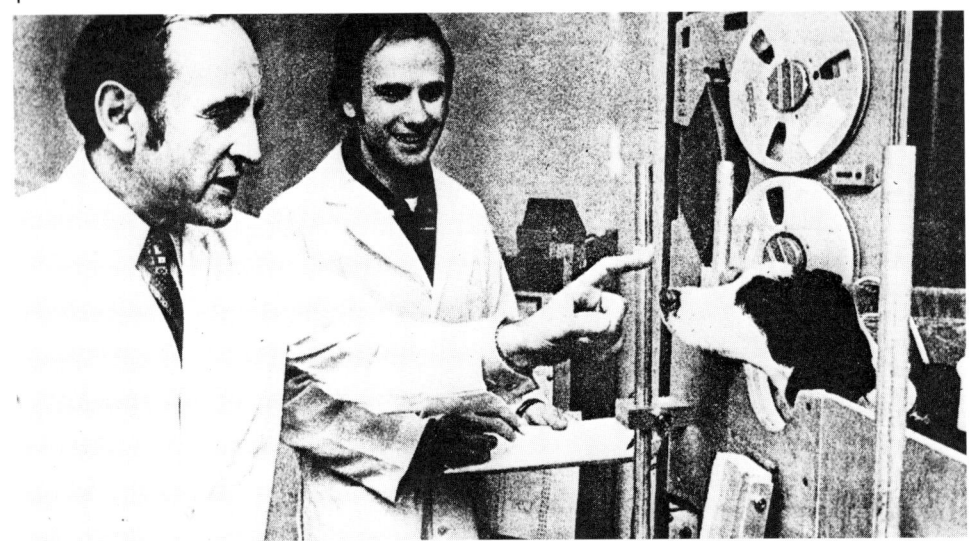

(1) １９７６年１１月２９日付『ニューヨーク・タイムズ』は、生体解剖（動物実験）学者がいかにサディズムに満ち、愚かであるかを示す最新の証拠を、ハデな見出しをつけ、すばらしい科学的偉業として紹介した。「急性心臓発作のカギ、発見される」。ハーバード大学医学部は明日の国家をになう人材を輩出するところだと思われている。しかしそこの実験室ではバーナード・ローン博士（左）とリチャード・Ｌ・ヴェリア氏の２人が、３００頭の犬を野蛮な方法で殺す実験を楽しんでいる。彼らの画期的発見とは、「胴体をつるして心理的ストレスを与えた犬は、おりの中で休んでいる犬より少ない心臓直撃電流で死亡する」ということだった。

(2) ソ連での移植手術失敗例の先陣を切ったデミコフ氏はシェパード犬にもうひとつの頭を移植した。痛みに狂った双頭の怪物は互いに争い続けたため、２９日目には移植したほうを殺さねばならなかった。

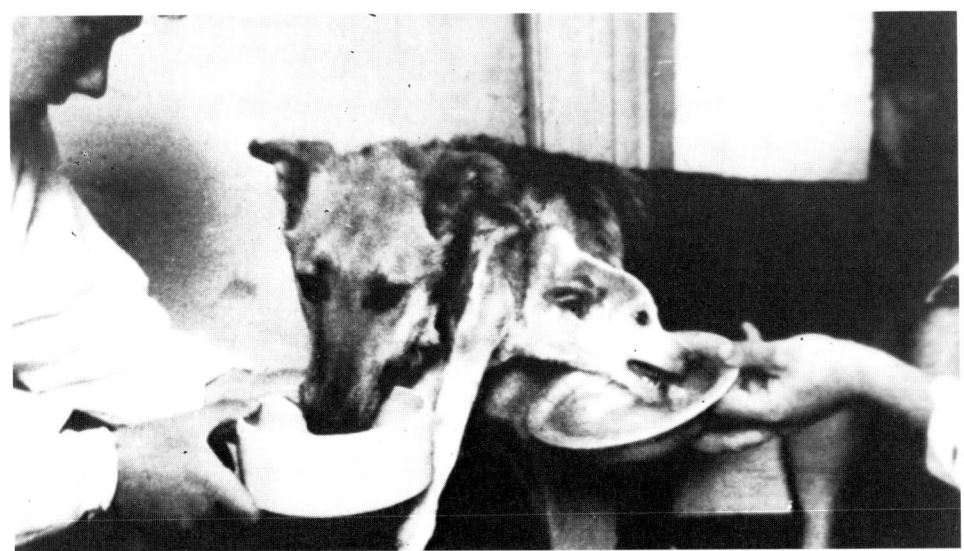

2

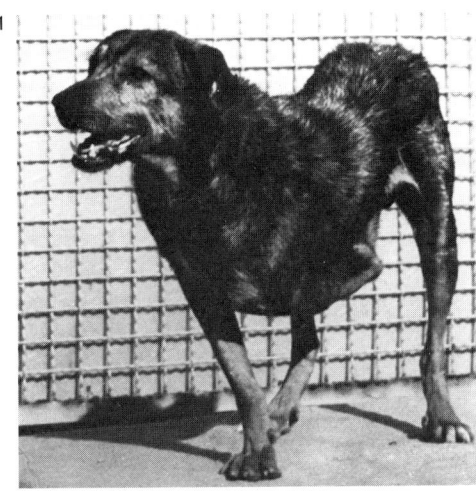

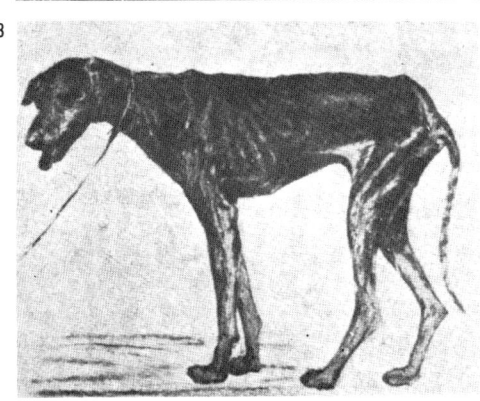

（1）1971年、あるイタリアの研究者が犬の「ブルート」の片方の前足を胸部に縫いつけた。

（2）その5年後、チューリン近郊の野犬収容所で撮影された死ぬ直前の「ブルート」。

犬を飢死させるにはどのぐらいの期間が必要か？　もし特定の臓器を摘出したら？　研究者を興奮させるこの問いに対する答えは百年以上たってもまだ得られないらしい。

（3）フランスのリシェは、40頭の犬の脾臓を摘出した。これはそのうちの1頭で絶食30日目に撮影された写真。

（4）米国のある大学研究室で。仲間の犬がエサをもらうのを見つめている、絶食51日目の子犬。札に「エサをやるな。水だけ与えよ」とある。

臆面なき世論操作の実態：「動物への残酷さの問題に無関心で、しかもそれを避ける努力もしない専門研究者にはひとりも会ったことがない。」（ハンス・セリエ博士。『現代生活とストレス』という著書で、無数のマウスと子ネコを麻酔せずにノーブルーコリップ回転ドラムでたたきのめす実験を紹介した当人の弁。）

（1）百年以上前にクロード・ベルナールが使っていた固定装置。（2）最新の固定装置。（3、4）1973年、ローマのある大病院の研究室で解剖された犬の隠し撮り写真。まだ十分に意識がある。

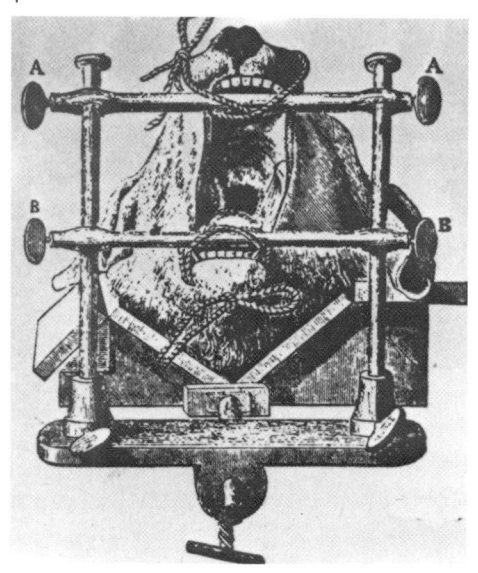

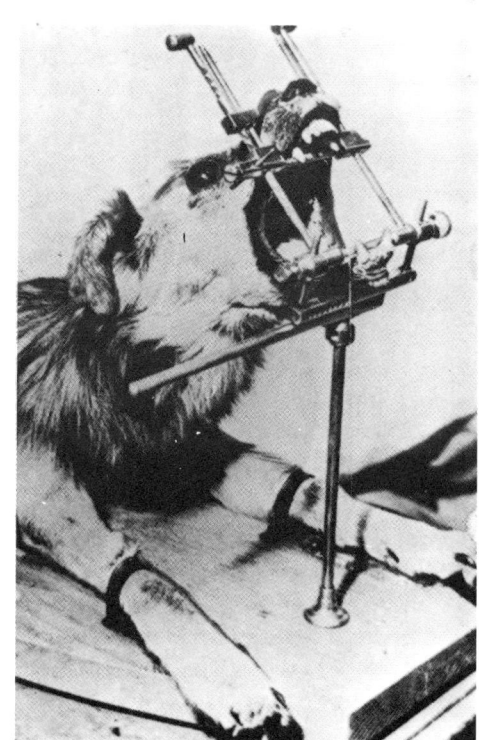

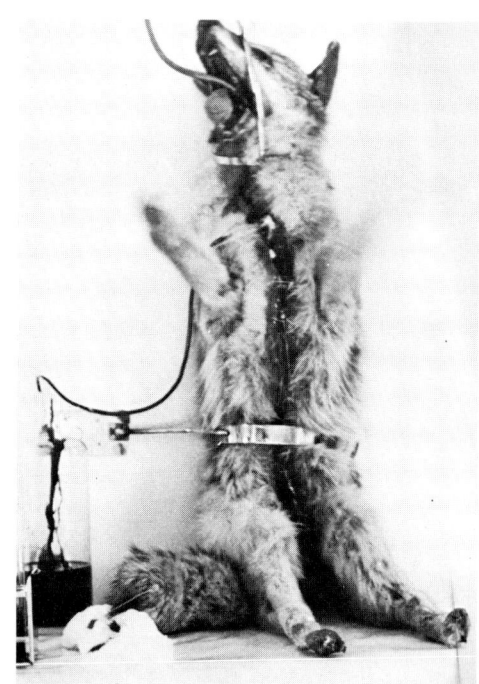

## ノーベル賞受賞者コルネイユ・ハイマンス博士

　ベルギーのゲント州立大学薬理・治療学研究所のコルネイユ・ハイマンス教授はこの写真を自分の研究室の壁に張っていた。上は胴体からほぼ完全に切り離した犬の頭部。この頭を生かしておくためには、別の頭のない犬の胴体の動脈から血液を送る。その犬の胴体を生かしておくには人工心肺装置が用いられる。教授の「血圧研究」の一部として行われた実験である。ドイツの医学週刊誌『クリニッシェ・ヴォッシェンシュリフト』（１９３０年第１５号）で教授はつぎのように報告している。「犬Ｃと頭Ｂの間の血管を結紮（けっさつ）するか、または犬Ｃの首を絞めると、犬Ｂには徐脈（心拍数が減ること－著者）と血圧上昇が認められる」

　ハイマンス博士の同僚の学者たちはこの成果に熱狂、彼を１９３８年のノーベル賞に推薦した。しかし英国の外科医で、医学史研究者でもあるＭ・ベドウ・ベイリー博士は、この実験にやや冷たい論評を加えている。「このような方法で得られた結果を人間に応用できると考えるのはまったくの愚か者だけである。倫理的に堕落しきった科学者でなければこんな実験を思いつき、実行にうつすことはできない。たとえハイマンスが犬を使って３０年間も実験して得た結果が正しいと証明されたとしても、人間の高血圧の理解をほんの少しでも先へ進めたとはいえないであろう」

　ベドウ・ベイリー博士のいうとおり、ハイマンス博士が人類にもたらした唯一の知恵はノーベル賞を獲得する新しい手段だった。今日、高血圧の問題はなお未解決であり、研究者たちがつぎつぎにに開発する降圧剤はたいして役に立たないばかりか、がんの発生率上昇の原因にさえなっているのだ。

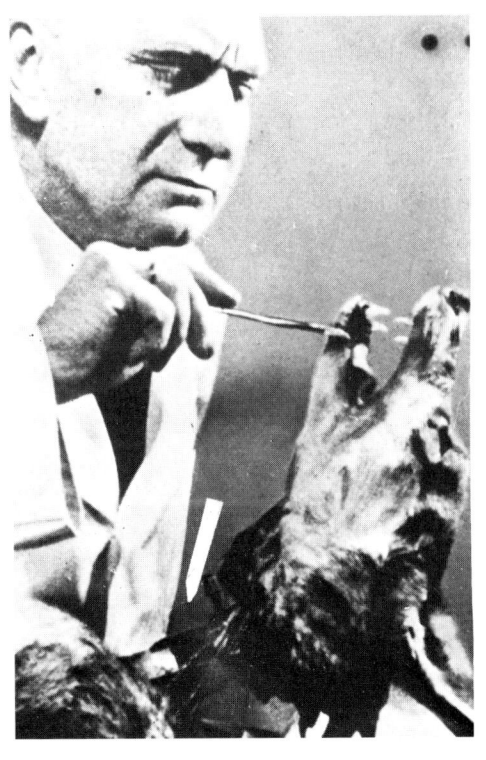

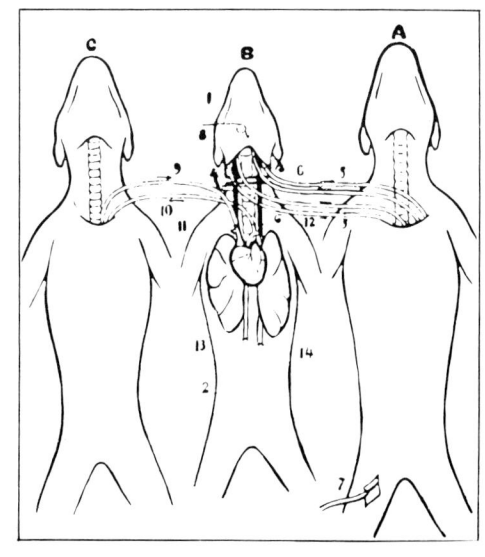

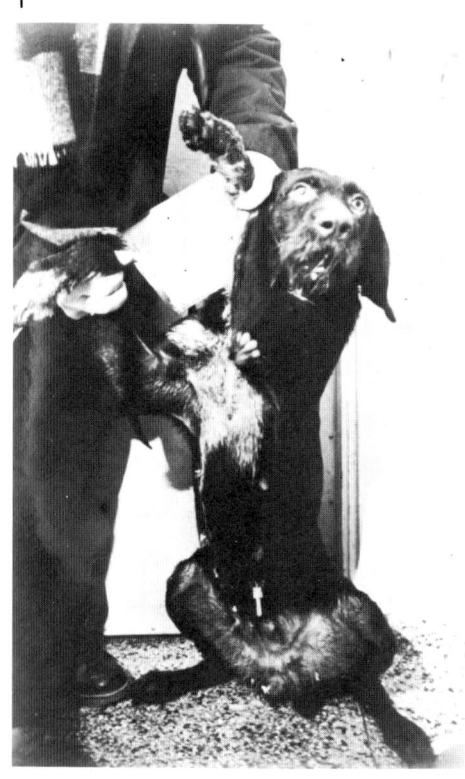

（1）「糖尿病研究」の名目で1世紀にわたり無数の犬たちに繰り返し行われてきた実験。写真の犬は、膵臓に穴をあけられ、そこに金属の口のついた人工瘻管（くだ）が差し込まれているため、横になることもできない。

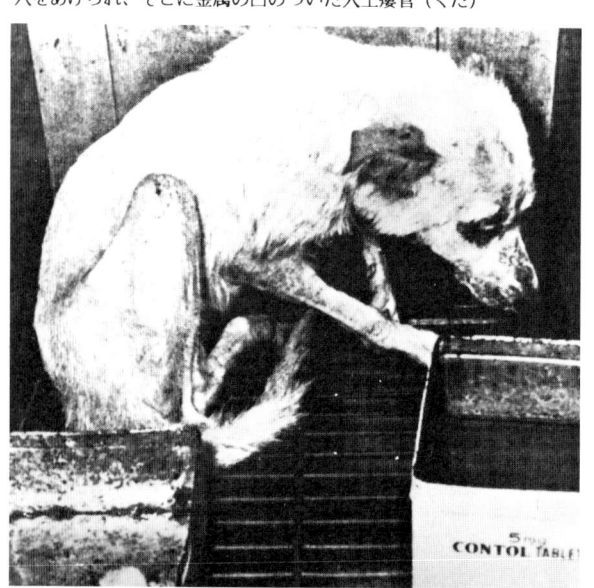

（2）1978年10月、パリ郊外セルヴィエの研究施設からフランス人の若者グループが救出した「ナナ」。そこではやせ薬の実験が行われていた。「ナナ」はこの数週間後に死亡した。そしてこの薬を服用した人々の何人かも同様に死亡したので製薬会社は裁判にかけられることになった。

（3）アメリカの「デラニー修正条項」を始め旧式な法律が強制する「毒性試験」というアリバイづくりのために、毎年無数の動物たちに毒物が投与されている。その結果はどうか？　動物と人間は反応のしかたが異なる。そのために、毎年何千もの人々が、金もうけにはなるが致命的な作用をもつさまざまな薬物の犠牲になっているのだ。

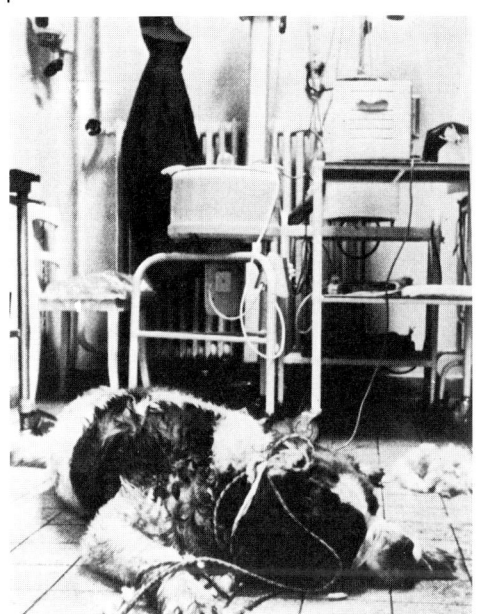

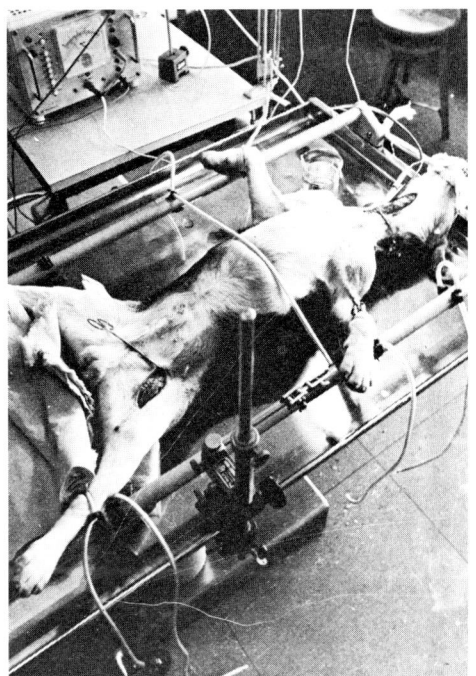

(1) 床にくくりつけられたこの犬は、心臓移植の実験を受けたばかりである。

(2) 一度に何種類もの手術をされる犬。回復した後は、もっと多くの手術が待っている。

(3) 運動時のエネルギー消費を測定するため、犬の気管支を切り開き呼吸弁をつけ、走行器で走らせる実験が、7か月間も行われた。『ラボラトリー・アニマル・サイエンス』(1972年第3号)より。前の実験では、気管支内の人工瘻管(くだ)にたまった痰で犬が窒息するという事故があったので、これを防ぐために、下の写真に見る内外2重の管からなる精巧な呼吸弁が開発された。外側の管を気管支内に残したまま定期的に内側の管をとりはずし、痰をとり除くことができる。

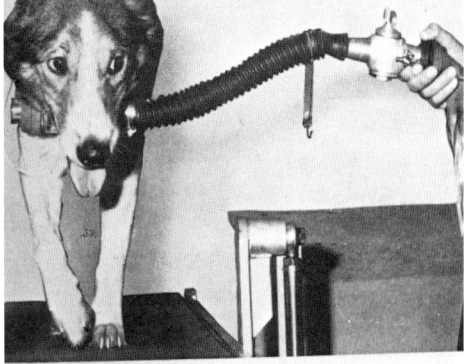

Fig 1. Dog fitted with respiratory valve collar.

Fig 2. Exploded view of respiratory valve collar: A) Leather side supports; B) Foam rubber doughnut; C) tygon tubing; D) 2-way J-valve; E) leather belt; F) rubber stopper adapter; G) corrugated rubber tubing. See text for details.

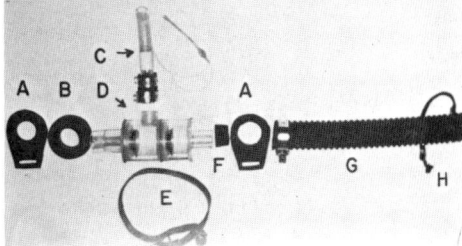

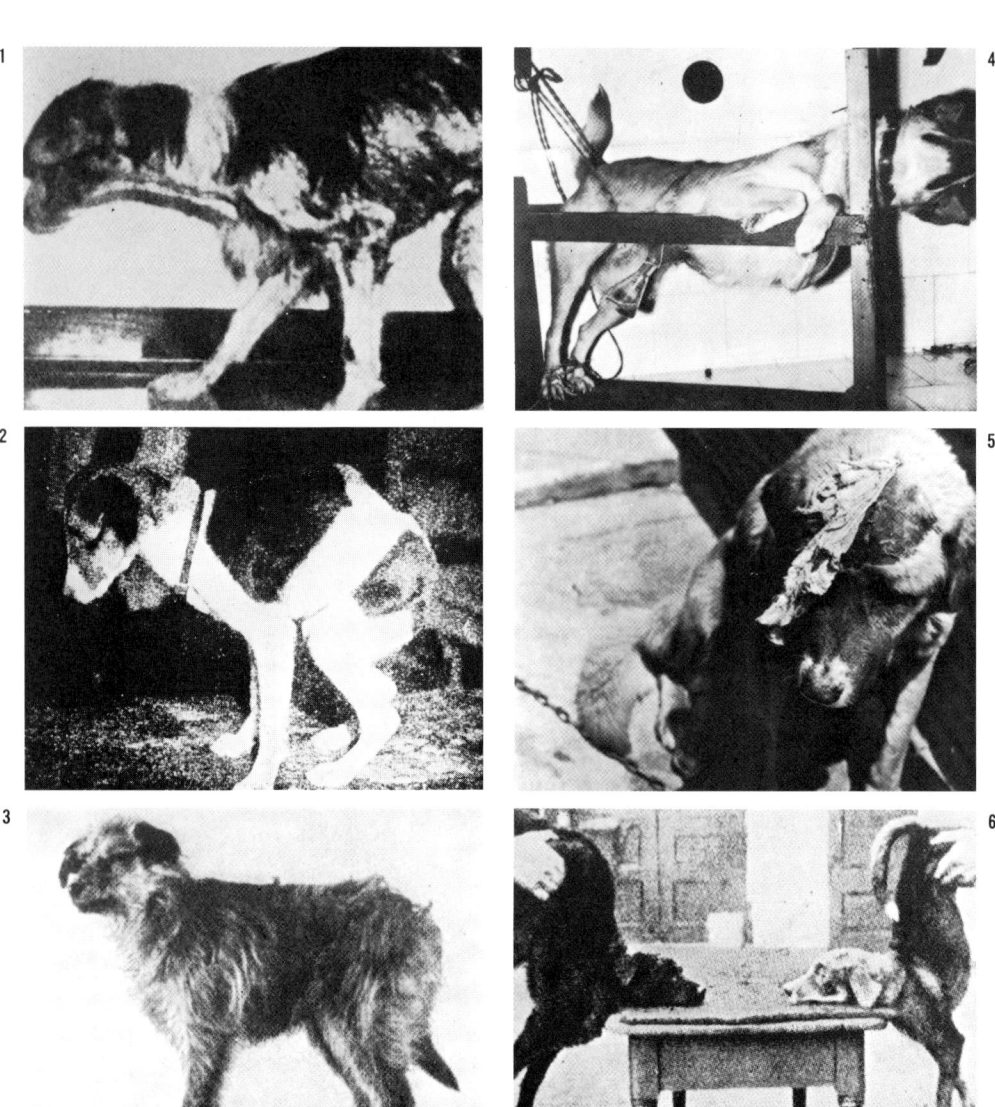

(1) 頸動脈を結紮された犬。
(2) 脊髄を完全に摘出して4日目のフォックステリアの成犬。ジョンズ・ホプキンス病院の実験室で。
(3) この犬は脳下垂体の一部を切除されてから4か月間生存した。脳下垂体を摘出する実験は、1886年イギリスのホースリイによって始められて以来、人気が高まるばかりである。
(4) 膀胱から、直接尿を採取しているところ。
(5) 脳手術をされた犬。ボロボロの包帯が当てられ、くさりにつながれている。
(6) 脳の部分切除手術を受けた2頭の犬。

# CIVIS
(Center for International, Scientific Information on Vivisection)
## 動物実験に関する国際科学情報センター

　動物実験の無効性と医学に対する有害性について、ひそかに、あるいははっきりと意見を表明してきた高名な学者は枚挙にいとまがない。ハンス・リューシュは、著書『罪なきものの虐殺』の中で、医学史の検証を通じて、ふつう、我々が生体解剖（vivisection）と呼んでいる動物実験（animal experimentation）は、もっぱら企業利益のために行われているのであり、医学に対しては実は多大な害悪をおよぼしてきたことを明らかにした。

　イタリアの国会議員であり、イタリア有数の医学校であるパデュア医科大学の研究者でもあるジャーニ・タミノ氏はつぎのように述べている。

　「私の研究分野は両性交代生殖と発がんです。どちらの研究にも基本的に実験は不可欠です。だから私は自分が何をいっているかわかっているつもりです。その私が動物実験には「ノー」というのです。もちろん倫理的理由もありますが、主に科学的な理由からです。動物実験で得られた研究結果が少しも人間に当てはまらないことは、すでに明らかです。生物の代謝は種ごとに確立されており、しかもその種に特有の生化学反応をともなっているものです。しばしば、かなり近縁の２種の生物、たとえばラット（ふつうのネズミ）とマウス（ハツカネズミ）の間にもまったく異なる反応が見られます。実験が必要としても、動物を使わなければいけない理由はありません。それに他の動物実験以外の方法のほうが、つぎの３点でよりすぐれているのです。つまり、科学的信頼度が高く、時間の節約になり（実験動物を使うと６か月かかるものが細胞培養なら２週間）、費用も安くすみます。ではなぜ動物実験はなくならないのでしょう？　それは何よりも、人間の精神文化的な後進性のためでしょう。その上に、旧態然とした法律が医薬品の販売許可に当たって動物実験を義務づけています。この法律は廃止すべきです。動物実験はまやかしであり、無益であり、不経済であり、その上残酷なものです」
（イタリアの代表的週刊誌『ドメニカ・デル・コリエーレ』１９８４年１２月１日４８号のインタビューに答えて。）

　マールブルグ大学生理学研究所所長のヘルベルト・ヘンゼル博士は、医薬品の動物試験についてこう語っている。

　「科学的根拠に基づく予見などあり得ない。賭け率のわかっているギャンブルのほうがまだしもましというものだ。現在の我々の考えでは、医薬品の人体に対する有効性や安全性を動物実験によって確立することなど不可能なのだ・・・薬品にはもっと厳しい試験が必要だと訴えるために、よくサリドマイド事件が引き合いに出される。しかし今日でも動物試験によって同種の薬害を確実に防ぐことはできないのである」
（西ドイツの法律週刊誌『ツァイトシュリフト・フュア・レヒツポリティク』１９７５年１２巻補遺。）

ハンス・リューシュが主宰するＣＩＶＩＳ（動物実験に関する国際科学情報センター）では、医学界の権威による同種の証言を千件近くも集めたが、それらのほとんどは黙殺されるか製薬企業の圧力により公表を妨げられてきた。ここではそのうちのいくつかを紹介したい。

「医薬品の動物試験は、科学的価値はあっても治療には全然役立たない。臨床医として５０年前の知識に加えられるような成果は何ひとつ得られていない」
　－フェリックス・フォン・ニーマイア博士、今世紀初頭ドイツで最も名声を得た医学者。
　（ Handbuch der praktischen Medizin ）

「麻酔の発明は動物実験とはまったく無関係であった」
　（ Report of the Royal Commission on Vivisection, 1912.）

「動物実験から何か有益なことを学んだまともな外科医を見たことがない」
　－アベル・デージャルダン博士。パリ外科学会会長、当時フランス随一の外科医。

「私は、人類のあらゆる知的活動のうち、動物実験によって人体生理学を研究することほどグロテスクで、幻想にゆがんだ研究はないと信じている」
　－Ｇ・Ｆ・ウォーカー博士。
　（ Medical World, Dec. 8, 1933.）

「現在、がん研究にこれほどむだな時間とエネルギーを費やしていることは大いに非難されてしかるべきだ。多くの有能な研究者が、がんの原因と治療法は動物実験によって発見されると信じて疑わないのは残念なことである」
　（ Medical Times, Jan. 1936.）

「時代とともにがんは増加している。それなのにがんの原因を探る研究がまだほとんど成果を上げていないのは、もっぱら実験動物を対象に研究を行っているためだ」
　（ Medical Review, Feb. 1951.）

「薬の作用を動物実験で証明しようというのはまったくばかげたことだ」
　（ Editorial, Medical Review, Sept. 1953.）

「動物実験を行う研究者は、人間の疾病について何ら正確な事実を提示できない」
　－Ｄ・Ａ・ロング博士、英国国立医学研究所、ロンドン。
　（ Lancet, Mar. 13, 1954.）

「動物から得た結果を人間に当てはめることにはまったく論理的根拠がない」
　－Ｌ・ゴールドベルグ博士。
　カロリンスカ研究所、ストックホルム。
　（ Quantitative Method in Human Pharmacology and Therapeutics, Pergamon Press, London, 1959.）

「動物にむりやりがんを起こしておいて、そこから得た実験結果を人間に当てはめることはできない」
　－ケネス・スター博士。ニューサウスウェールズがん協会名誉部長。
　（ Sydney Morning Herald, Apr. 7, 1960.）

「現行の法令がはらむもうひとつの基本的な問題点は、今の法律が動物実験についての非科学的な偏見に基づいて作られているという点である。動物実験は科学的根拠からではなく法律上必要だからという理由で行われているのだ」
　－ジェイムズ・Ｄ・ギャラハ博士。レダリ研究所医学研究部長。
　（ Journal of American Medical Association, Mar. 14, 1964.）

「我々科学者は魔術師の弟子にすぎない。つまり自分たちにとって毒になるものを発見しては自慢しているのだ。将来の世代は、こんな害にしかならない研究は捨て去る勇気をもつ必要があると思う」
　－ピエール・レピン博士。パスツール研究所細菌学部長。
　（フランスの日刊紙 Alsace, Mar. 17, 1967.）

「このような考え方は、下等な動物の実験で得られる基礎的な事実を病気の人間にも当てはめようというものだ。私は生理学者として訓練を受けた以上、これを批判する多少の資格があると思うのだが、こんなことはナンセンスだと断言する」
　－ジョージ・ピッカリング卿、オックスフォード大学欽定医学講座担当教授。
　（British Medical Journal, Dec. 26, 1964.）

「どんな動物実験も臨床の現場において治療の科学的根拠とすることはできない。人体に応用した場合の有効性や信頼性については何も保証しないからだ。動物実験は製薬会社が自らを弁護するためのアリバイづくりにすぎない」
　－H・シュティラー博士、M・シュティラー博士。
　（Tierversuch und Tierexperimentator, Hirthammer Verlag, Munich, 1976.）

「動物実験はいかなるところでも禁止すべきです」
　－ユリウス・ハッケタール博士、ドイツの有名な外科医で多数の医学書の著者。
　（Interview, Die Zeit, Oct. 13, 1979.）

「私はがんの専門家として臨床にたずさわってきたが、実験動物を使って得た結果が人間にも当てはめられると信じている研究者たちには同意できない」
　－ハインツ・イーザー博士。
　（Quick, Mar. 15, 1979.）

「動物実験は薬の安全性を保証できないばかりか、その正反対の結果さえまねく」
　－クルト・フィッケンチャー博士。ボン大学薬理学研究所。
　（Diagnosen, March. 15, 1980.）

「現代医学は完全に分析科学に支配され、じゅうりんされている。その結果、医学研究はまったく健康に寄与しなくなってしまった。治療とは病気の症状をなくすことだと誤解されており、そうした風潮が真の健康を損ねている。子供の熱を抗生物質で下げれば、その子の病気に対する抵抗力は失われ、慢性的に不健康になってしまう。分析科学に頼る医者の頭は、せいぜい$2 \times 2 = 4$であるという程度の思考の枠内から抜け出せない。だから患者の観察という初歩的な行為を「主観的」と呼び、見下すのだ。精神的な未熟さを示すこうしたかたくなな態度こそが動物実験を推進する基盤になっている」
　－ヘルムート・モムゼン博士。フランクフルトの小児科医。
　（Civis-Schweiz Aktuell, Zurich, Dec. 1980.）

「アメリカで小児麻痺にかかりたければ、セービン・ワクチンを飲んだばかりの子供のそばに行けばよい、といったのはジョナス・ソーク氏であった。わたしはこれを知ったとき小児麻痺ワクチンへの信頼を失ってしまった」
　－ロバート・メンデルゾーン博士。
　（イリノイ州エヴァンストンの消費者向け医学情報紙 The People's Doctor）

「米国では現在、小児麻痺を根絶しようという社会的要請から幼児に経口ワクチンの定期的投与が行われている。しかしこのワクチンこそ、今日の米国で小児麻痺患者を発生させている唯一の原因なのである」
　－ビル・カリー、ロサンゼルス・タイムズ記者。
　（"Polio War - Renewed Controversy," L.A. Times, June 1, 1985.）

【書籍紹介】

## ハンス・リューシュ著
### 『罪なきものの虐殺 (Slaughter of the Innocent)』
初版 Bantam Book Original, 1978. 再刊 Civitas Publications. Inc., 1983 and 1985.

　『罪なきものの虐殺』は、動物実験とは利潤の追求を動機としたまやかしであることを最初に暴露した本である。本書＜医学史＞の章は、動物実験は真の医学の進歩をもたらさないばかりか、かえって、以前には存在もしなかったような薬害を引き起こすことを明らかにした。たとえば米国は世界最大の実験動物"消費国"だ。しかし、その国民ははたして世界でもっとも健康といえるだろうか？　実際の米国は病気が多く平均寿命も世界で17番目にすぎない。しかしそれでも、大がかりな宣伝にのせられた西洋人は、現代は「医学が奇跡を起こす時代」であると信じているのだ。
　1920年代のこと、セルジ・ウォロノフ教授がチンパンジーの性腺を老人に移植すればその性的能力を回復させることができると発表した。このニュースは大歓声をもって迎えられ、各国の新聞は、手術を終えた老人が若い看護婦を追いかけているマンガを競って掲載したものだ。しかし、その後この「奇跡」が現実のものになったという話はさっぱり聞かれない。
　1960年代になってクリスチャン・バーナード博士が最初の心臓移植を行ったときも同じようなセンセーションがまきおこり、"科学記者"たちは永遠の生命について語ったものだった。しかし結果は、手術を受けなければもっと生きられたかもしれない何百人もの患者を欺いて"少し早く"墓場へ送っただけだった。愚かしい"同僚評価"のおかげで、監獄や電気イスに送られることをまぬがれている食わせ物の外科医たちは、赤ん坊の「フェイちゃん」にヒヒの心臓を移植するという残忍な生体解剖までやってのけた。利潤追求を至上目的とした世界規模の大石油化学資本に支持された"現代医学"が、無知な立法者たちにこのような制度を作らせたのだ。

　一方、人工心臓の開発が、まともな頭では想像もつかない理由によって、4足動物を実験台にして進められていった。人工心臓が初めて人間の患者に埋め込まれたとき"科学記者"たちは性懲りもなくこの"快挙"を絶賛した。しかし他の機械論的医学の"快挙"と同様、その試みが失敗するや、たちまちこの企てをこき下ろし始めたのだ。
　何十年もの間、おびただしい数の子牛や他の動物たちが人工心臓の実験に使われた。しかし、実験開始後2日もたたないうちに、人工心臓は決して人間の心臓病を解決するほど長もちしないことが明らかになるのだった。これは生物学のイロハをかじったことのある人なら誰でもわかることである。公にされた報告によれば、当初、人工心臓を移植された患者たちは、苦痛のあまり死を望み（しかし動物実験を続けるうちに石のような心を持つようになった英雄気どりの外科医たちはそれを許さなかった）、ひどい錯乱状態におちいったのである。
　なぜそうなったのか？　そのわけは、心臓とは本来、感情や神経系の指令に応じて動くものだからだ。心拍は恐怖や怒りによってたちまち早くなり、休んだり眠ったりすると遅くなる。本物の心臓なら、どんな生物にもみられる体内の物理・化学的プロセスの微妙な変化に反応する。しかし人工心臓は一定のリズムで働くポンプでしかなく、神経系から送られる電気刺激に反応することができない。今後どんなに"精巧な"人工心臓が作られたとしても、この厳然たる生物学的事実は動かしようがないのである。
　精神身体的な生物学的法則を無視し機械論的な健康観に基づいた、あるいは助成金を目当てとしたこのような動物実験による研究は、決して出口の見つからない袋小路に入り込んでいる。

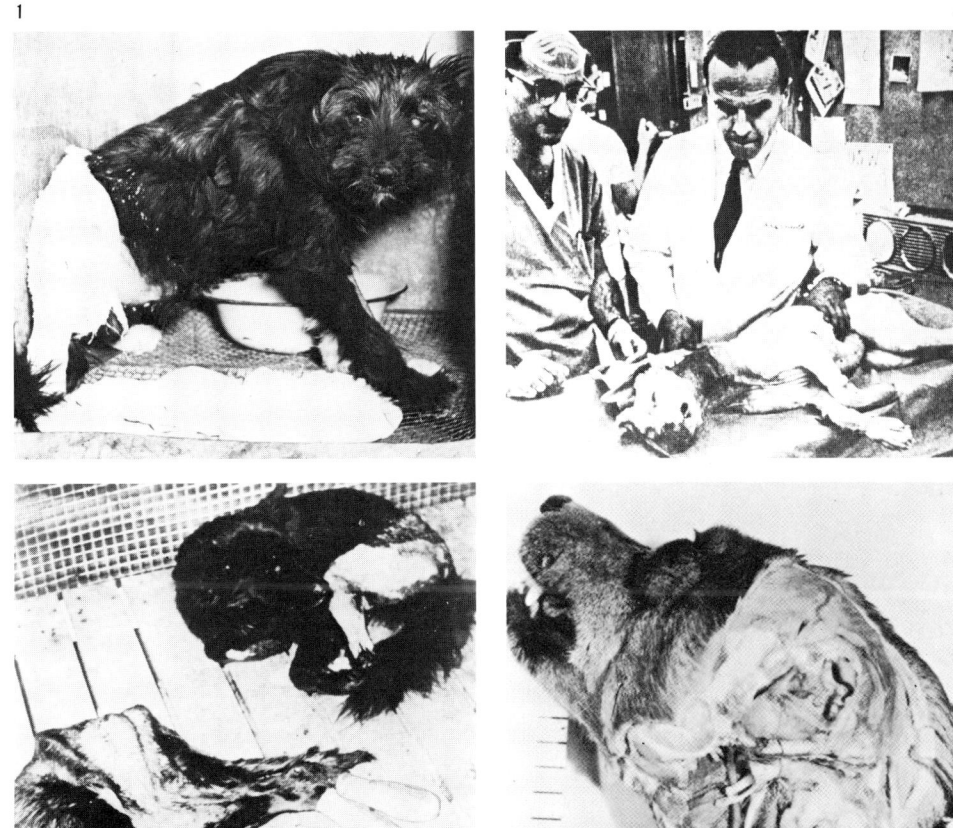

（1）両後ろ足と背骨の一部を砕かれギブスをした犬。足が引きつっているため横になることができない。
（2）米国で人気のある"実験"。まず犬を長期間絶食させる。つぎに衰弱した犬の前足をブレーロック・プレス機またはゴム槌でつぶし「ショックの影響を調べる」もの。
（3）おなじみの場面。2人のアメリカ人研究者が犬の首に第2の心臓を埋め込み、断末魔のあえぎを"科学的"きまじめさで観察している。
（4）カニューレ（くだ）を埋め込まれた十分に意識のある犬。この写真は1973年、ロンドン郊外の研究所で隠し取りされたもの。英国の法律は動物実験を認めておきながら、動物実験施設内での一切の写真撮影を禁じているのだ。

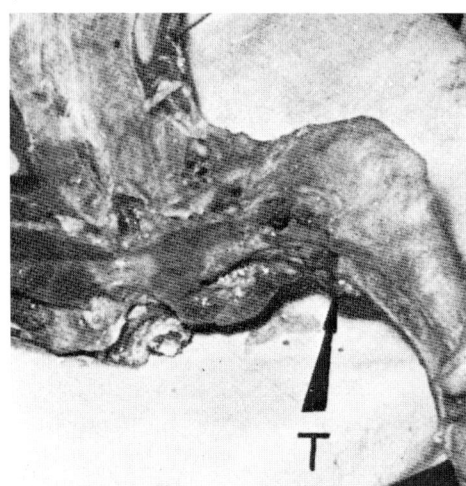

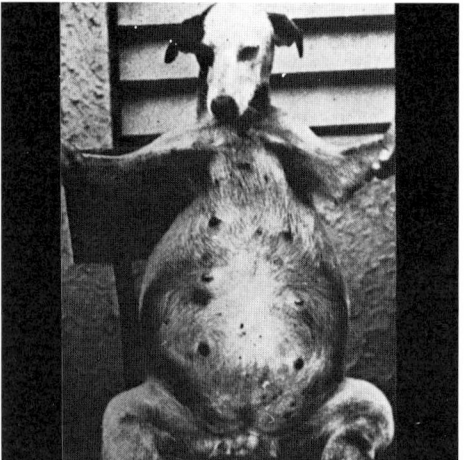

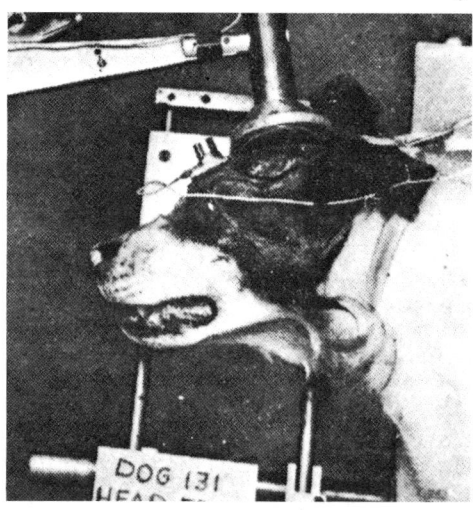

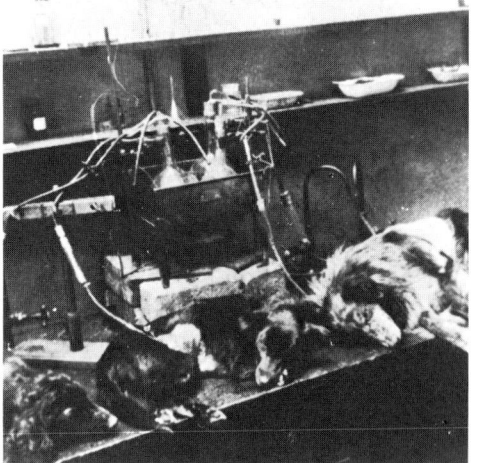

（1）皮をむかれ、いったん後足を切断してから再びくっつけられた犬は、その後5年間生存した。
（2）1年間むりやりにアルコールを飲まされ、「酒の飲みすぎは肝臓に悪い」ということのくの昔にわかっていることを証明するために殺されようとしている犬。
（3）犬の頭蓋骨を砕くのに使われるハンマー式機械。
（4）「何が起こるか調べる」ために手術で腸閉塞にさせられた犬たち。

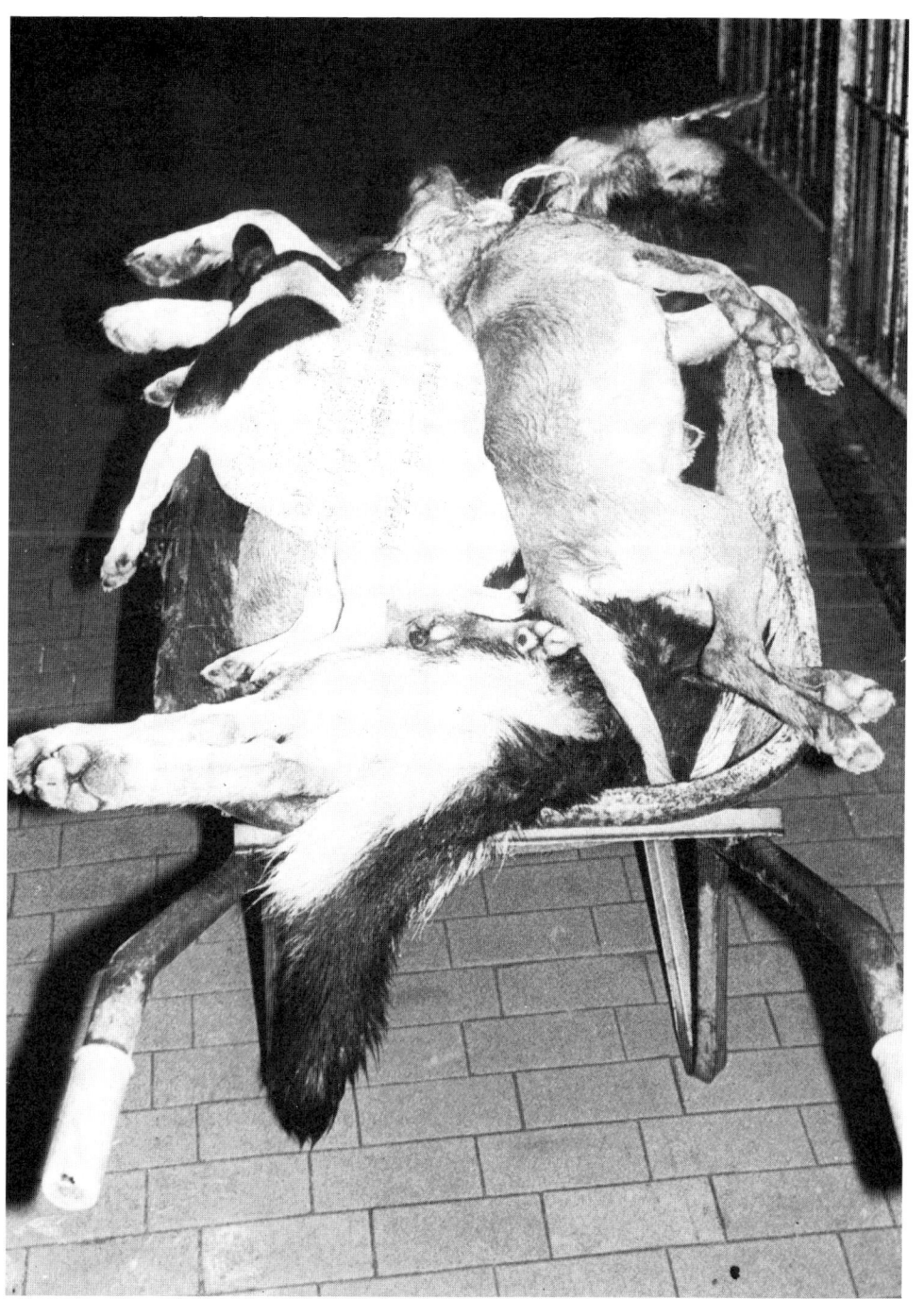

車にいっしょくたに積まれた犬の死体とまだ生きている犬。焼却炉へ運ばれる途中。他の動物たちから見える場所に放置されている。

## もうかる商売

（1）ケイベル・アイザック・カーマゼンシャーにある英国最大のビーグル犬生産場では毎年4千頭以上の犬が実験用に販売されている。生まれてこのかた鉄格子と人間の暴力以外は何ひとつ知ることなく死んでいく不幸な生き物たち。固形飼料で育つ彼らは、食べる楽しみすら奪われている。

## 集団拷問

（2）拘束箱の中で短い生涯を終える数百匹のウサギたち。これは直腸温を測定しているところ。発熱とは病気に対する自然で有益な反応なのに、さらに新しい解熱剤を開発するためにウサギたちに毒物が投与される。新薬はすべて新しい毒物であり、やがてもっと別の薬を投与するための口実を作り出すだけだ。

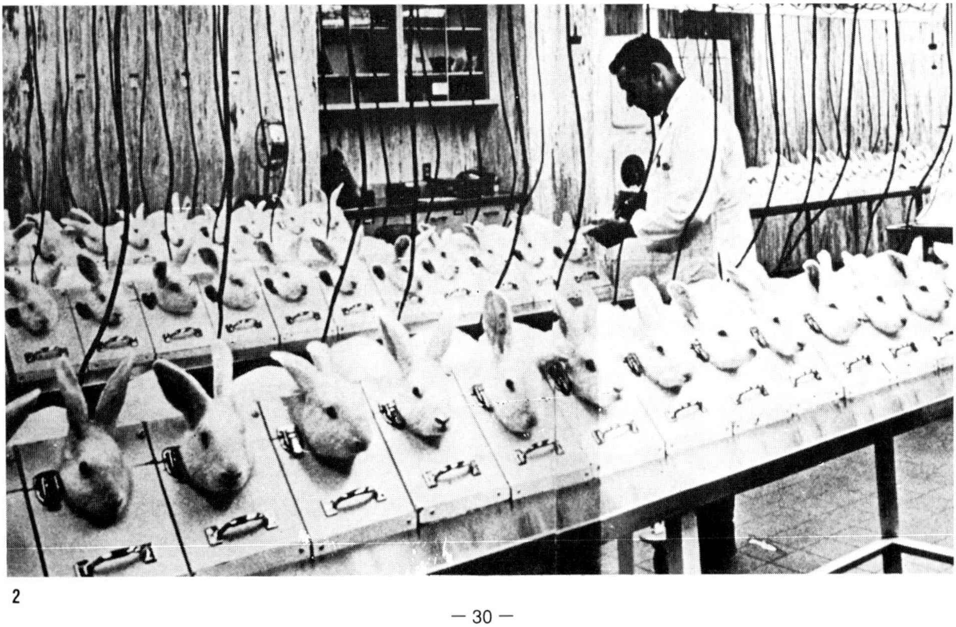

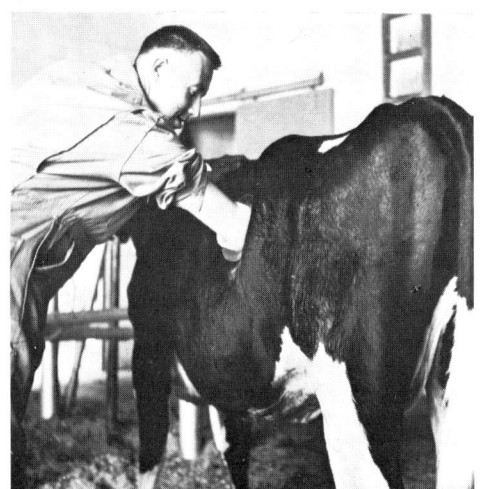

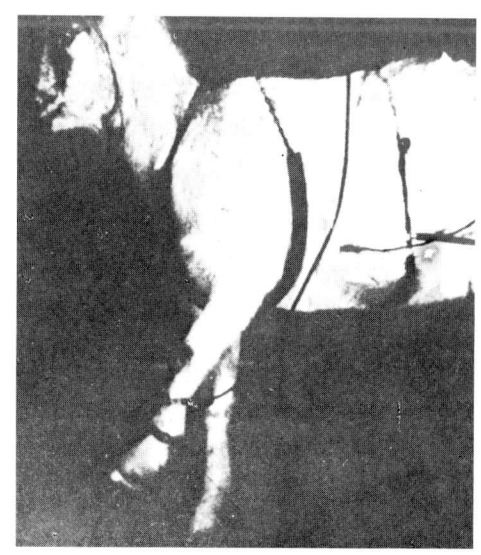

（1）助成金に飢えた"研究者"の魔手から逃れられる動物はいない。バトン・ルージュにあるルイジアナ州立大学のセシル・ブラントン博士とジェイムズ・ジョンストン博士は、牛の鼓脹症（腹部にガスがたまる病気）の原因を"研究"するために雌牛の腹に15センチの窓をあけた。

（2）新型のプラスチック製心臓を埋め込まれ、そのわずか数分後に死んだ子牛。

（3）白衣を着た"科学者"という名の大きな子どもたちは、カメが夢を見るかどうかを知りたがる。こんなたわごとのために米国だけで1年間に1万9千匹ものカメが責苦にあわされた。

（4）まさしくスケープゴート（いけにえのヤギ）。このヤギは電気ショックとクリック音（カチッという音）に反応して片足を上げるよう条件づけされた。これを4、286回も繰り返した結果、ついにヤギは神経症になり、クリック音に反応して足を上げると、つぎに電気ショックがくるまで足を降ろすことができなくなってしまった。

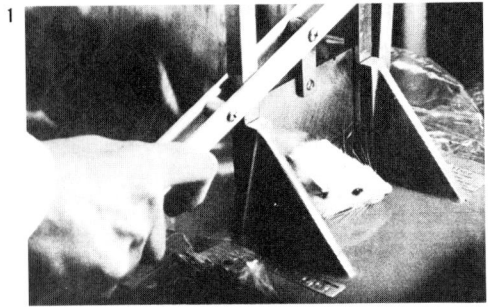

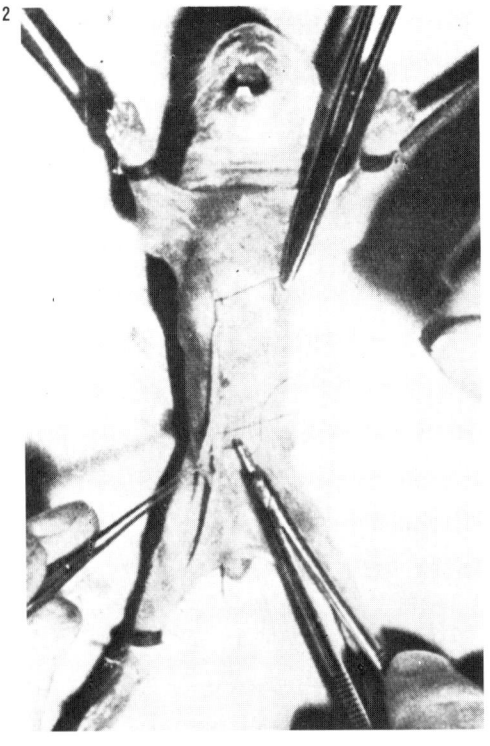

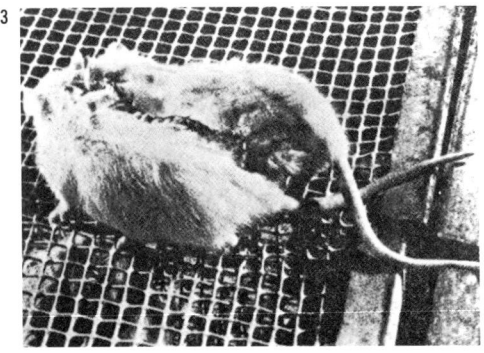

（1）1965年、ベイラー医科大学の研究者ジョージ・アンガーは、記憶とは物質的に伝達され得るものかどうかを調べるために新しい実験を考案した。まず4千匹のラットに、警告音が鳴ると続いて恐ろしい電気ショックがくることを学習させた。ついでこれらのラットの頭部を切断し、すり潰した脳を未学習のラットに食べさせた後に、同じ警告音に対して恐れを示すかどうかを調べた。この実験は、さらに研究助成金が必要だということ以外何ひとつ「結論づけられなかった」。

（2）モルモットの大腿部から胸にかけての実験手術。

（3）人気の高い実験のひとつ「併体結合」。人工的にシャム双生児や3つ児を作り出しても、どんな生物にも備わっている免疫反応のために、まず数日以上生存することはない。オーストリア、グラーツのH・プファイファ教授はつぎのように指導している。「外科的に結合された動物たちは攻撃的になり互いに争って致命傷を負うことがある。これは各々の動物の頬からそちら側の前足までをしっかり縫合し、互いに相手を噛めないようにすることで回避できる」

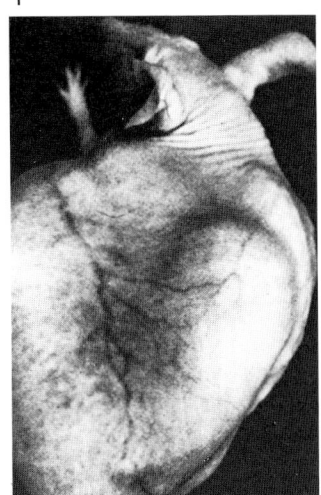 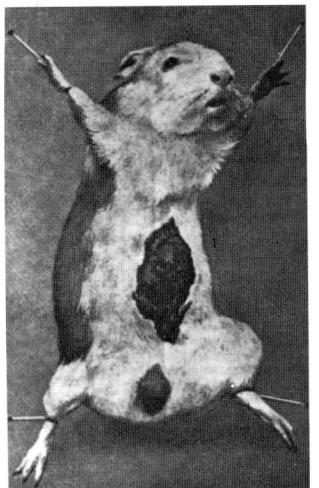 

　ニューサウスウェールズがん協会がん研究特別部会名誉部長ケネス・スター博士は『シドニー・モーニング・ヘラルド』(1960年4月7日号)でつぎのような見解を表明した。「動物にむりやりがんを起こし、そこから得た実験結果を人間に当てはめることはできない」。何千人もの医学者がこれに同意している。イギリスの一流医学雑誌『ランセット』(1972年4月22日号)は、「人間のがんと密接な関係をもつ動物の腫瘍はなにひとつない」と報告している。

(1) 人工的に作られたマウスの腫瘍は、前足を床に降ろすこともできないほど大きくなる。
(2) 胃がんにさせられたラット。
(3) がんで死んだマウス。見分けがつくのはもはやしっぽだけになってしまった。
(4) マウスと (5) モルモットを使った疼痛の実験。「疼痛実験は全然痛くない」とうそぶく実験狂がいい忘れている言葉は「我々研究者にとっては」ということだろう。

 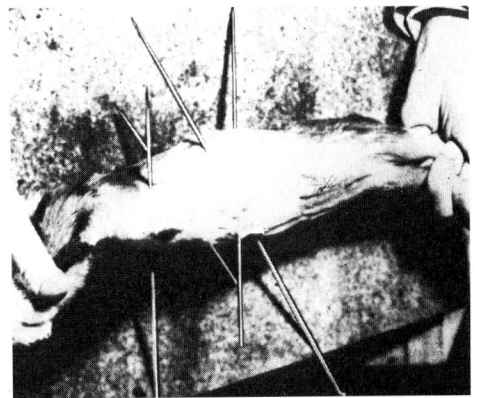

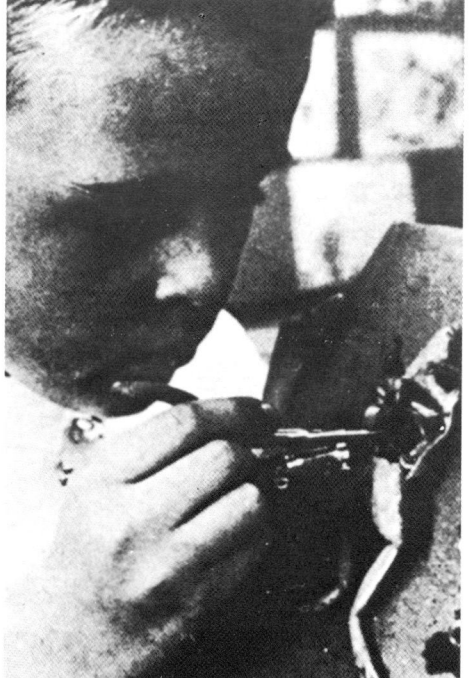

Sandoz AG, Basel sucht für die Abteilung Agrotoxikologie einen jüngeren

# Natur-
# wissenschaftler

biologischer Richtung für die Planung, Überwachung und Auswertung von vorwiegend längerfristigen Tierversuchen sowie für die Mitarbeit bei Spezialuntersuchungen im Rahmen der experimentellen Prüfung von Pestiziden und chemischen Neben- und Zwischenprodukten.

Diese Aufgabe bedingt nebst einem abgeschlossenen Studium Erfahrung in Planung und Statistik, Freude am Arbeiten mit Tieren und Interesse an toxikologischen Problemen sowie Englischkenntnisse. EDV-Erfahrung ist erwünscht.

# SANDOZ

Sandoz AG, Personalwesen, Ref. 1145
Postfach, 4002 Basel
Tel. 061 24 49 54 (Direktwahl)

不感症への早期訓練。── 15歳のジョン・オスター少年は、物心ついた頃から自宅に実験室を持っていた。9歳のリッキー・ルーミス君はホイーリングの野外学校でカエルの研究中。(『タイムズ─ユニオン』1965年4月3日号とパドック社出版物)

1978年、チューリヒの"インテリ"週刊誌『ヴェルトヴォッヒェ』に定期的にのっていた求人広告。スイスの巨大製薬企業のひとつサンド社が「長期間の動物実験を喜んで行う」若い科学者を募集している。(写真中の下線は著者による。)

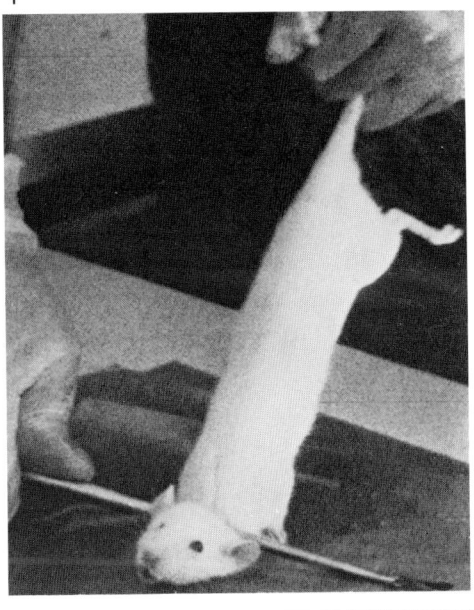
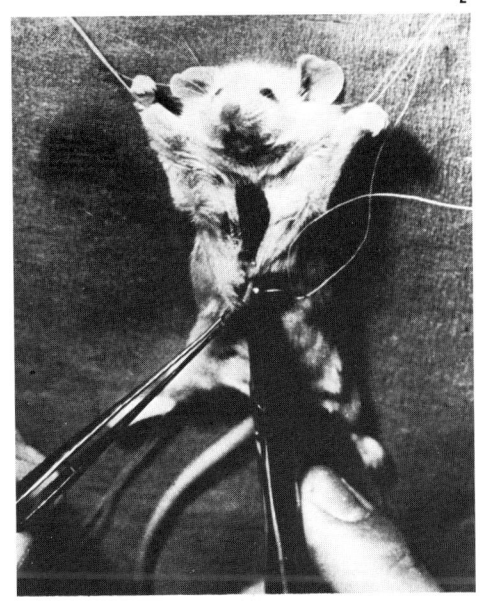
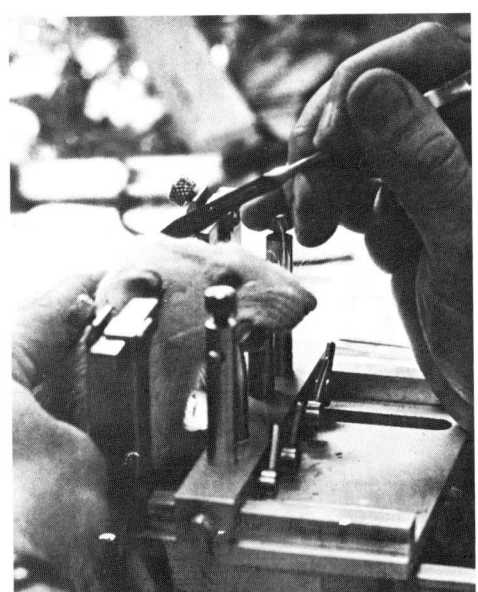

（1）西ドイツ最大の文庫本出版社ＤＴＶが発行したティーンエイジャー向けの本にのっていた実験用マウスの頸椎の正しい折り方。
（2）生体解剖されたマウスのからだはもと通りに縫合される。
（3）十分に意識のあるラットの脳に自らの精神異常の原因を探っている研究者。
（4）人間のアルコール依存症には深い心理的原因があることはよく知られている。そしてマウスはもともと酒が飲めない動物だ。それなのに米国の研究者たちは、マウスを酒に酔わせてアル中の「治療薬」を発見しようと躍起になっている。

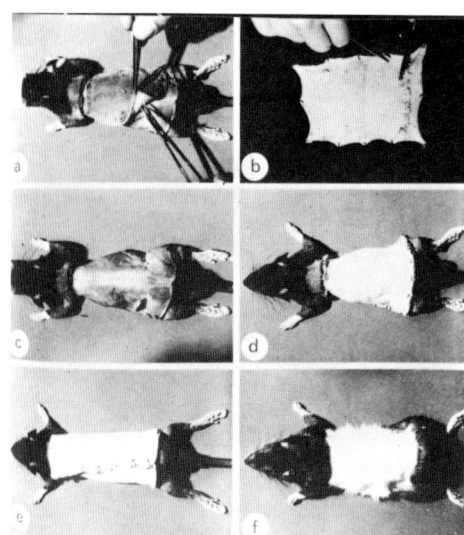

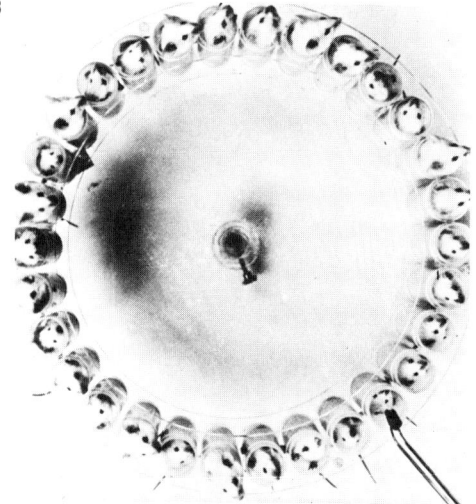

（1）マウスの広範囲の皮膚移植。
（2）この一見何の変哲もない装置はノーブルーコリップ回転ドラム。1942年、トロントで最初にこの装置で小動物の集団拷問が行われて以来、たいていの生理学研究室に備えられるようになった。発明者が科学雑誌に寄せた紹介記事によれば、この装置は「実験的な外傷性ショックを無麻酔の動物に与えること」を目的とし、「死亡する動物数は回転数に比例して増加する」という。報告によればこの中に入れられた動物の歯や骨は折れ、肝臓、脾臓などの臓器は破裂した。ドラムは回転するだけでなく、中の動物をほうり上げたり、衝突させたりすることもできる。このドラムに入れられた子ネコ数匹は、5日間も生きていた。
（3）自由を奪われ、放射線を照射されながらゆっくりと死んでいくマウス。
（4）前足を失ったマウスはどうやって毛づくろいをするか？　この疑問を解くためオレゴン大学の"科学者"は数腹の赤ん坊マウスの前足を切断した。昔から動物実験擁護派の『サイエンス』誌は1973年、下の図とともにこの実験を紹介した。

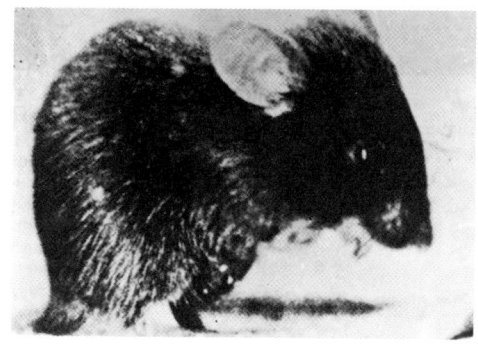

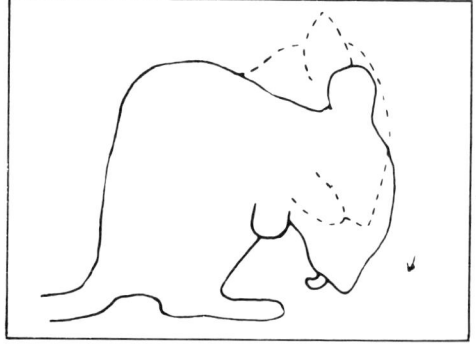

（1）米国の宇宙計画に役立てるため、研究者トーマス・R・ケイン氏が、なぜネコは落下しても常に4本足で立つことができるのかを調べているところ。

（2）西ドイツのハノーヴァー医学校で。飼育係のほうへ這い寄り、救いと愛撫を求める子ネコ。対麻痺（下半身不随）の研究という名目で実験狂に脊髄を破壊され、排泄機能を損なわれたため、毎日、人間が膀胱と腸を空にしてやらなくてはならない。これが何千回となく繰り返された実験の成果である。

（3）米国の"医科学"（いかもの）は「統計的に有意な」（すなわち大きな）数の動物で証明されない限り、4千年の歴史をもつ東洋のはり治療の有益性すら認めない。米国の助成金がほしい中国人研究者が、ネコの歯髄を刺激して、その疼痛反応を電気的に記録することで、はりの麻酔効果を証明しようとしているところ。

（4）1977年、コネチカット大学の研究者は、羽毛のないニワトリを作り出そうとして、ネコにいろいろな食事をさせてみた。たぶん彼らはニワトリは穀物食だがネコは肉食であることを忘れていたのだろう。ネコたちは毛が抜けたみじめな姿で死んでいったが、ニワトリは相変わらず羽毛におおわれたままだ。

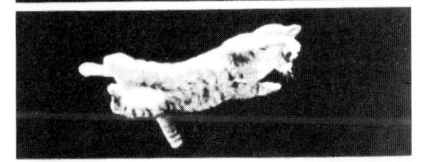

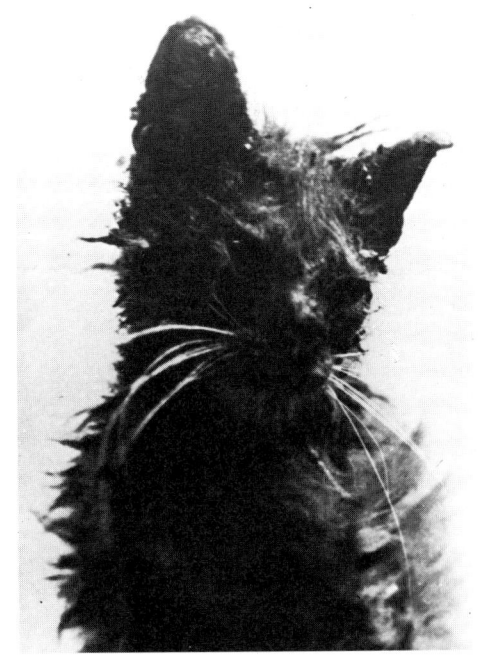

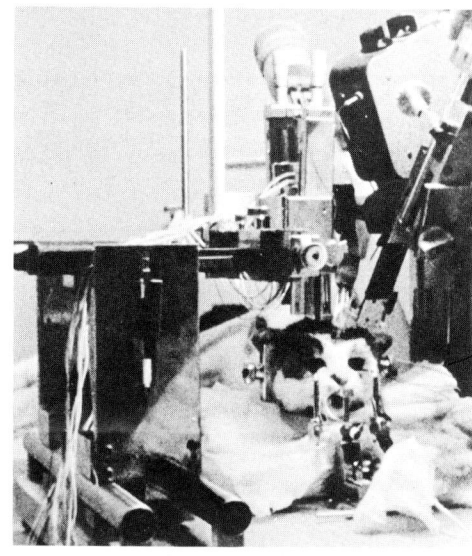

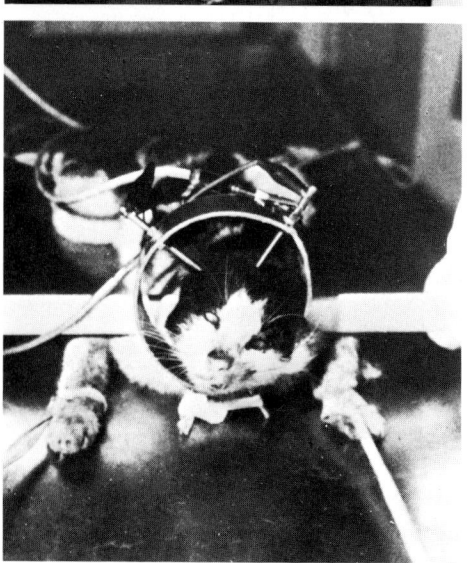

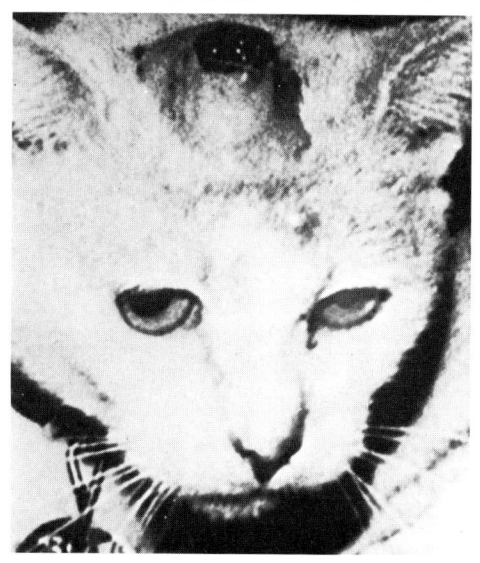

ネコは高度に発達した神経系となみはずれた耐久力を持つ。そのため、感性を欠いた頭でしか思いつけないような、特別痛みが強くしかも長期におよぶ神経学の実験に好んで用いられる。写真はネコの脳にカニューレ（くだ）を埋め込むために考案された3種の器具である。左上は悪名高いホースリィークラーク脳定位固定装置。むき出され たつめが空しく台に食い込み、ネコが十分意識をもっていることを示している。右下は、ネコの脳に埋め込んだコリスン・カニューレを4本のステンレスねじと歯科用セメントで頭蓋骨に永久的に固定したところ。ネコは実験そのもので殺されなくても、カニューレの周囲からしだいにひろがる膿のために失明したり、死亡することになる。

臆面なき世論操作の実態：「簡単な皮下注射や血液採取を除けば、動物はどんな実験でも必ず麻酔をされる。だから彼らは何の苦痛も感じない」（スイスの製薬産業都市バーゼル市協議会が発行した公式報告書より。反動物実験運動家は意見広告を出して反論しようとしたが、どこの新聞からも掲載を拒否されてしまった。）

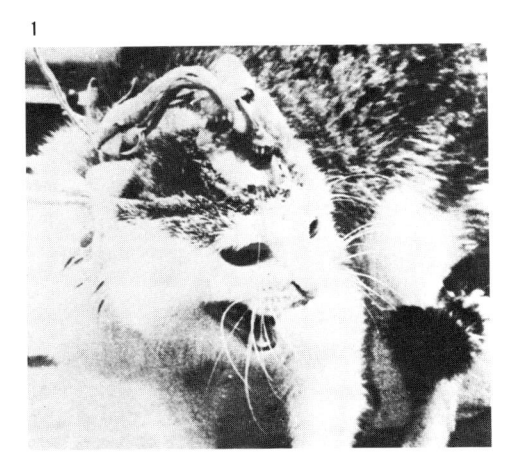

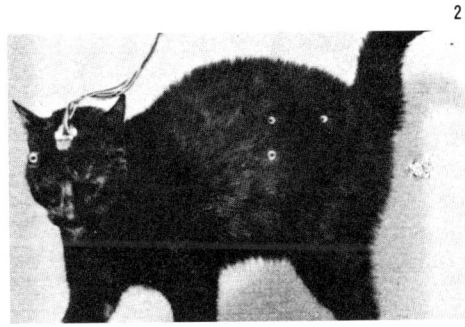

（1、2）頭蓋骨の内部に電極を埋め込まれ、固定されずに立っているネコ。完全に意識のある脳に直接、電気刺激が送られる。

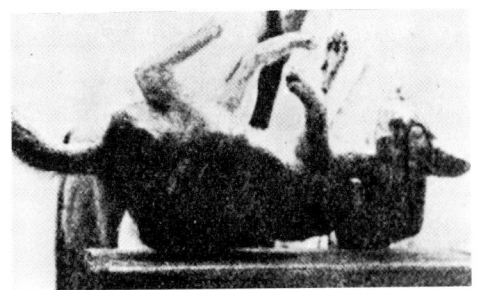

（3）標準的な実験のひとつ、ネコの大脳摘除。その結果生じる「除脳性硬直」は実験者を魅了し続けている。このネコは頸動脈も結紮されている。

（4）ドイツの古典的教科書『プフリューガー生理学総説』によれば「脳手術直後の動物は頭、胴体ともに右側に傾き、右脇腹を下にして倒れる傾向を示した。急激に走り回る動作も見られた。この動物は明らかに水頭症（頭蓋腔内に液体が異常にたまること－著者）を起こしていた。9月27日、このような発作を起こしている間に、右側の皮質が除去された。このクレオパトラという名のネコは8月4日に最初の手術を受けてから翌年の3月18日に屠殺されるまで生きていた」

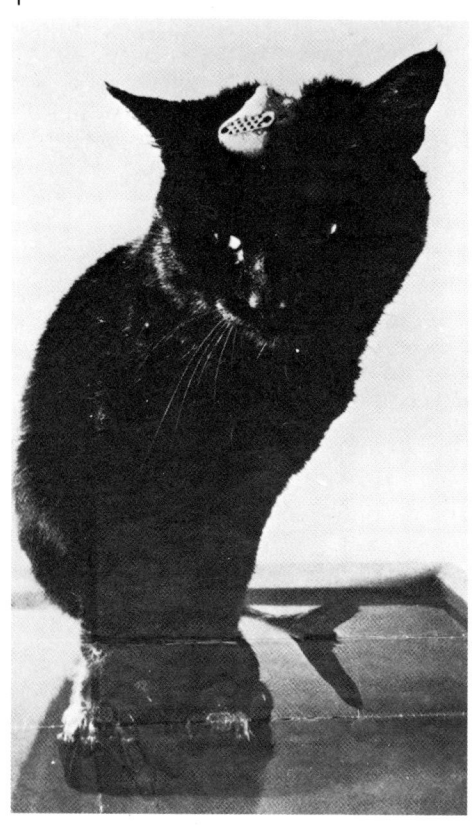

（1）カリフォルニア州スタンフォード大学のウィリアム・デメント博士は、動物実験の伝統に忠実だった。博士は不眠症の治療法を見つけるためにネコを不眠症にしようとしたのだが、その計画は半分しかうまくいかなかった。博士は３００匹以上のネコを新手の拷問で何か月も眠らせずにおくことには成功したが、不眠症の治療法は結局わからなかったのだ。彼は各々のネコの脳に電極を埋め込み、水で囲ったレンガの上に置いた。ネコは疲労に負けて顔をうつむけるたびに鼻を水につっこみ驚いて目を覚ます。７０日間の不眠の末、このネコの脳波は「顕著な性格変化」・・・実験者と同じく精神のバランスを失ったことを意味する科学的隠語・・・を示したのだった。

（2）頭蓋骨に穴をあけられたネコたち。動けない子ネコのそばに心配そうに寄り添う母ネコ。

（3）消化のしくみを観察するため、腹部に窓をあけられたネコ。ドイツの『プフリューガー生理学総説』にのっている図。

「ニューヨークのネコの半数は、我々が行っているほど人道的な扱いを受けていない（原文ママ）」コーネル医科大学のブルース・エワルド博士（1978年３月27日）。

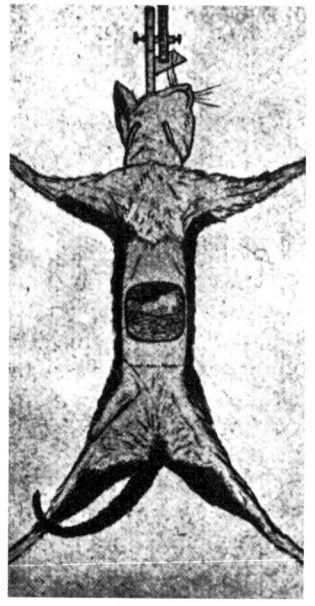

## 1977年、ニューヨーク自然史博物館での事件

(1) イリノイ州のH・ノイマン社製造の脳定位固定装置にかけられた雄ネコ。ニューヨーク自然史博物館の研究室で。このネコは両方の眼球を摘出され、頭を固定装置で締めつけられ、さらに陰茎の神経をむき出しにされて、実験者自身の公式な記録によれば「終末」（即ち動物の死）に至るまで連続した電気ショックを加えられた。

(2) 約1年続いた反対デモ、博物館への遺産寄付撤回攻勢のかいあって、ついに館長兼管財人ロバート・G・ガレット氏と研究部長トーマスD・ニコルソン氏は、数年にわたり50万ドルもの税金を使って行われていたこのネコの実験を中止することに同意した。しかし他の動物実験は継続された。また、これに似た実験が今日なお米国の約30の「学校」で行われ続けている。

*Fig. 3*

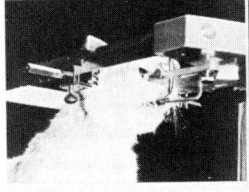

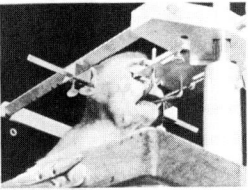

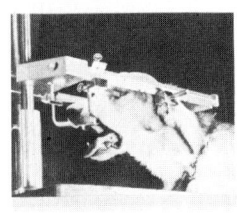

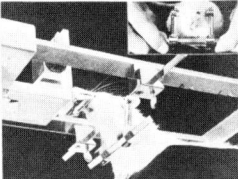

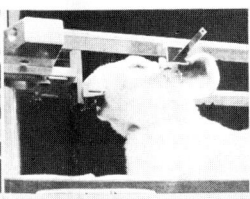

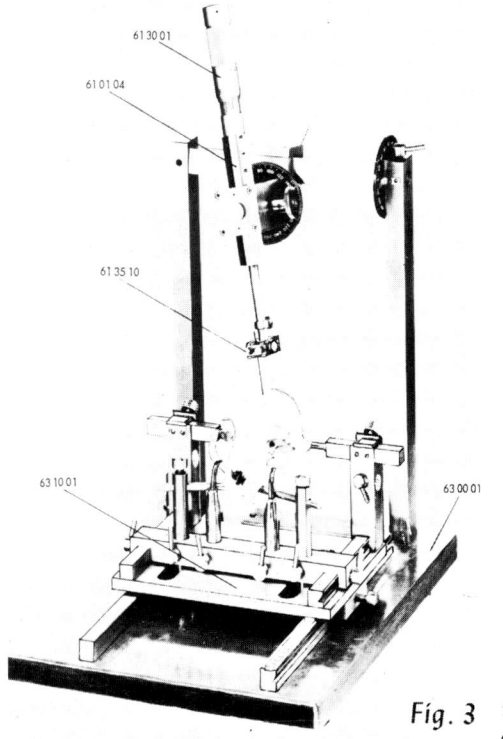

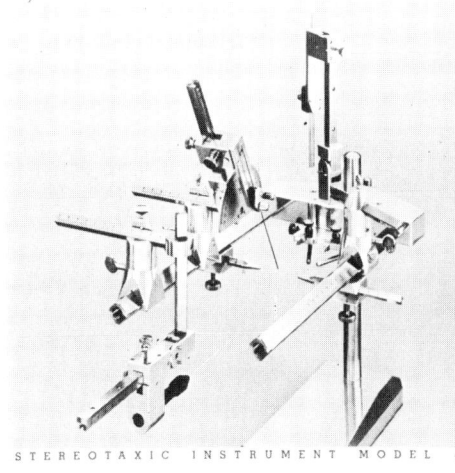

米国から欧州に輸出されている脳定位固定装置のカタログ。添付された顧客リストにはデュッセルドルフの薬理学研究所の名前もある。

## サリドマイドの悲劇

　動物実験から得た結果を人間に適用することの妥当性が、科学的に証明されたことはない。しかしその逆を証明する事実を集めれば、たちまちいくつもの図書館がいっぱいになってしまうだろう。動物で安全性試験をしていながら薬害を起こした薬はあまりに多く、その経緯をくまなく調べることはもはや不可能だ。サリドマイドの悲劇の後、一層の動物実験が行われるようになったが、奇形の発生率も上昇し続けているのだ。
　西ドイツ第一婦人科医大病院のW・Chr・ミューラー博士の報告によれば、ドイツの医師を対象にした広範囲の調査では、奇形をもって生まれた赤ん坊の61％、死産したすべての赤ん坊の88％はさまざまな薬の影響によるものだという結果が得られた。(『ミュンヘン医学週報』1969年34号より。)

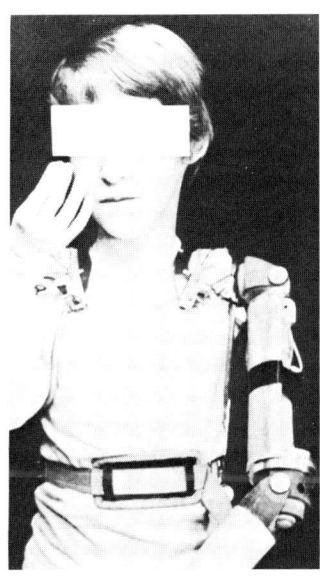

## 被害を受けた子どもたち

## 動物実験が生んだ病気、スモン

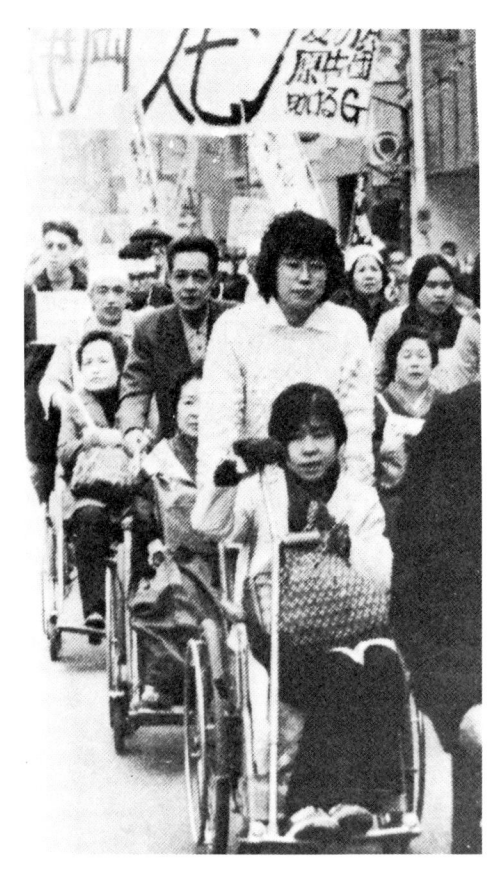

**失明・麻痺などの症状を起こした　スモン患者の大抗議デモ（東京）**

　1978年、東京地方裁判所は製薬3社、すなわち武田薬品、日本チバガイギー、田辺製薬に、約3万人の失明・麻痺患者と数千人の死者を出したクリオキノール（キノホルム）製剤の販売に対し法的責任を指摘した判決を下した。しかしおきまりのごとく、これら製薬会社は犠牲者や遺族に十分な補償金を支払うことで処分を免れることができた。証人に立った医師たちは、クリオキノール（168種の異なる商品名で売られていた）は宣伝された下痢どめの薬としては有効でないばかりか、製薬会社の勧め通りに予防薬として服用すると、かえって下痢を起こすと証言した。この薬の開発国であるスイスの保健当局は、多くの国でこの薬の回収措置が取られた後も、まだ市場販売を認めていた。その結果クリオキノールはメキサホルム、エンテロビオホルム　インテストパン、ステロサンなどさまざまな商品名で売られ続けた。製薬会社が収益を伸ばし続ける一方で、薬害がひろがっていったのである。

（1）ペンシルベニア大学の実験施設に侵入した動物解放戦線は通称「ジェンナレリテープ」と呼ばれている実験ビデオを入手した。これは、ヒヒの脳に傷害を負わせる実験のひとコマである。学長自らが「米国最高水準」と自負していたこの実験施設のエセ科学者トーマス・ジェンナレリ氏らは、ＮＩＨ（米国国立衛生研究所）から１５年間で百万ドルもの研究費をもらっていた。しかし事実が暴かれたため、その給付は１９８５年に差し止められた。生体解剖学者たちは具体的な実験成果を何も示すことができなかったのだ。テープの申込は下記へ：
Alex Pacheco c/o PETA, PO Box 42516, Washinghton, DC 20015.

エドワード・タウブ氏は、米国の法律により「動物虐待」の有罪判決を受けた第１号研究者である。（判決はその後くつがえされてしまったが。）彼の机の上には毛むくじゃらのゴリラの手の剥製が、これ見よがしに飾られていた。
（2）タウブ氏が実験に使っていた１７頭のサルのうちの１頭。サルたちのうち何頭かは極度の精神的・肉体的ストレスから自分の指や腕の肉を食いちぎった。

（3）１９５４年、ウィスコンシン霊長類センターのハリー・F・ハーロウ教授が始めた「愛情」実験の、創意あふれるバリエーション。S・I・スオミ博士らは、アカゲザルの赤ん坊に布製の「モンスター・マザー」をあてがった。この「マザー」は、０℃近くまで冷たくなったと思うと、こんどはやけどしそうなほど熱くなるのだった。感受性が強いことで知られる子ザルの中にはショックで死んでしまうものもいた。生き残った子ザルは、ついで「マザー」から皮膚がはがれてしまうほど激しい高圧空気の噴射を受けた。しかし子ザルは一層しっかりと「マザー」にしがみつくのだった。そこでこんどは、からだから鋭いしんちゅう針を突き出した「ヤマアラシ・モンスター・マザー」をあてがうと、ついに赤ん坊ザルはおりの隅に逃れ、うずくまったまま死んでしまった。研究所の獣医は死因を「ブロークン・ハート（失恋）」と診断した。政府の補助金を受けている霊長類センターでは、今もなお、サディスティックな動物実験の「洗練（Refinement）」にばかり熱心で、その実、生命を憎んでいるエセ科学者たちによってこのような「愛情研究」が行われているのだ。

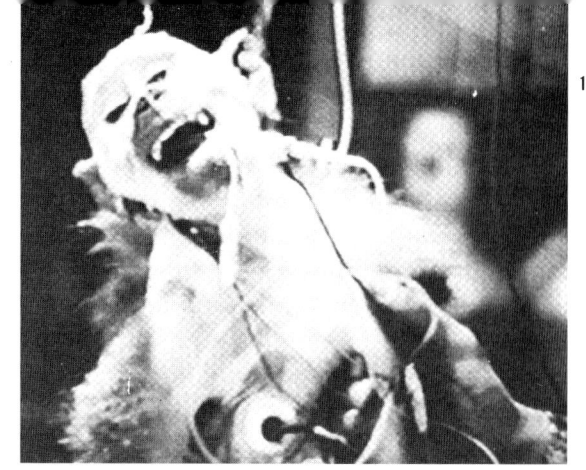

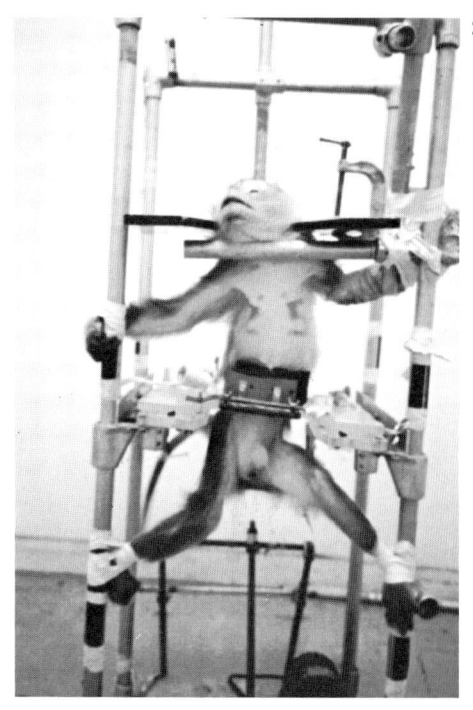

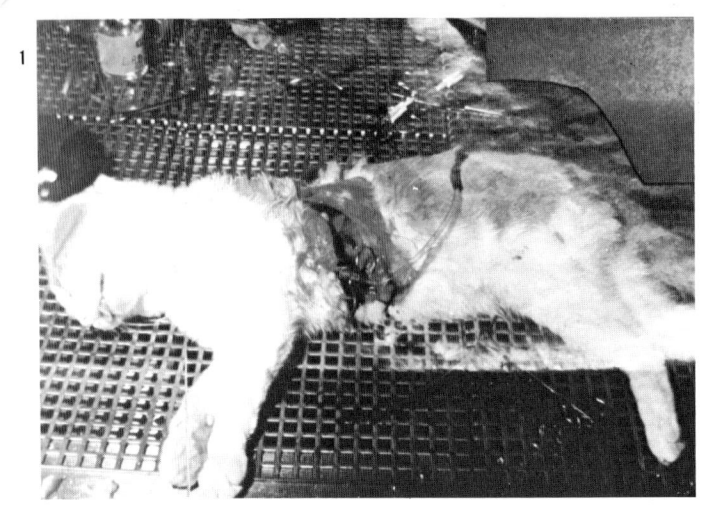

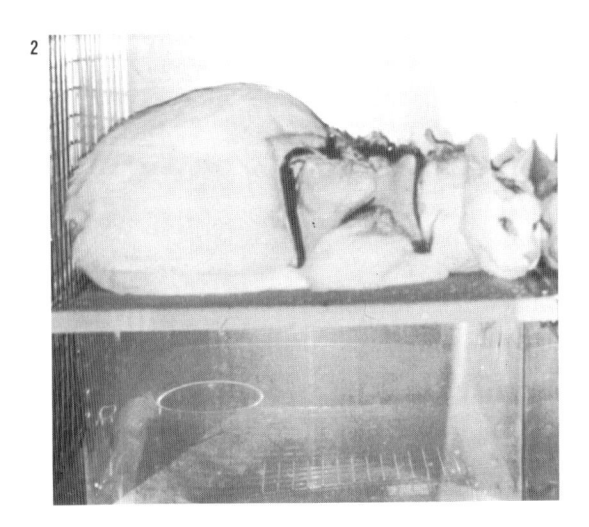

ネコはすぐれた知覚と強い生命力を持つ。そのため、長期におよび繰り返し行われる、非常に残酷な神経学実験の格好の材料になる。"科学"の祭壇に捧げられるネコの数は米国だけで毎年２０万匹、日本もそれに続いている。
（１）腹部にドレーン（排液管）をつけられたネコ。
（２）脳と背骨におなじみの電極を埋め込まれたネコ。
（３）まぶたを縫い合わせ、サル用のおりに入れられたネコ。給水びんの穴から逃げようとしているところ。視覚を奪われた動物は、ひっくり返りやすい器では中の水をすぐこぼしてしまうため、喉がかわきやすい。（写真：ライフフォース／ピーター・ハミルトン）。

会員１４万人の米国最大組織、米国人道協会（ＨＳＵＳ）などの"人道"協会は、資金集めのためによくこの種の写真を配布する。こうした組織の中には４千万ドルをこえる資産と高給の役員を抱えている所もある。ヨーロッパでは、『罪なきものの虐殺』や『裸の皇后様』が示したような科学的基盤に立った動物実験全廃論に賛同する医師・獣医師が増えている。しかし、これら人道協会が、動物実験の欺瞞性と無意味さを示す事実を世間に知らせて動物実験全廃を訴えようとしたことは一度もない。彼らの多くはリップサービスに「段階的廃止」を唱えたり、「犬・ネコの捕獲」に抗議し、盗難されたペットは実験に回さず、実験用に生産された動物だけを実験に使うべきだなどと主張する。西ドイツＷＳＰＡ（世界動物保護協会）の役員のように、会費や寄付金を使ってＣＩＶＩＳを「名誉毀損」で訴え、我々の情報を発禁にし差し押えることを考えている者さえいる。１９８０年には、英国で心臓の手品師クリスチャン・バーナード博士が『罪なきものの虐殺』を発禁にしようとしたが、これらの企てはいまのところ失敗に終わっているようだ。

アフリカで捕獲されたキイロヒヒ「デビー」。1984年、カナダの西オンタリオ大学で。下腹部に見える3本の管はそれぞれ静脈、動脈、小腸の上部につながっている。デビーはこの状態で数か月間イスに固定されたままになっていた。人間の血液中のコレステロールと動脈硬化の関連を調べるのが目的だったが、サルと人間の栄養学的、解剖学的、生物学的差異は無視されていた。ライフフォースという組織が、彼女の拷問係バーナード・W・ウルフ氏とウィリアム・ラブリー氏を動物虐待で訴えた。そのとき彼らは、デビーは「心地よい」状態におかれていたと主張、再び精神的欠陥をさらけ出した。デビーは口こそ聞かないが、白衣の男たちが部屋に入ってくるたびに両手で顔を覆ったものだ。（写真：ライフフォース／ピーター・ハミルトン）。

NIHはこれほど無感覚でサディスティックな行為に従事している自称"科学者"たちに、気前よく助成金を分配している（米国だけで年平均30億ドル）。我々は、NIH職員の一部は、無知で非科学的で無神経なばかりでなく、てっとり早くもうけるために、何も知らない納税者が払った大金の分け前をいただいているのではないかと考えている。つまりピンハネである。同じことが外国の同じ役割をもつ機関にも当てはまるにちがいない。CIVISとしては他に説明のつけようがないのだ。

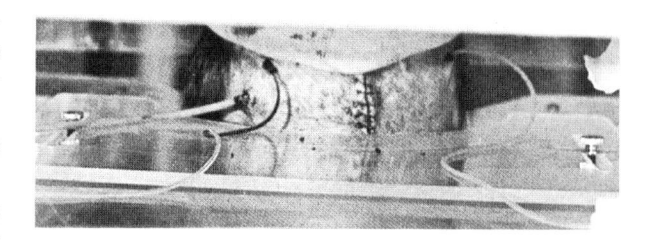

動物実験では世界のリーダーである米国。しかし国民の平均寿命は世界で17番目にとどまっている。その国では"医学研究"と称して、助成金に飢えたエセ科学者たちが毎年約9千万頭の動物を苦しめ、殺している。米国FDA（食品医薬品局）は、医薬品の副作用（もちろんこれらはすべて動物で"安全性試験"ずみだ）で入院する患者は毎年百万人以上にのぼり、副作用による死亡者が数万人もいることを明らかにした。

もしあなたがこの種の"医学研究"を好まないなら、政府の助成金を動物実験に割り当てる権限をもつ人々に抗議の手紙を書いてほしい。

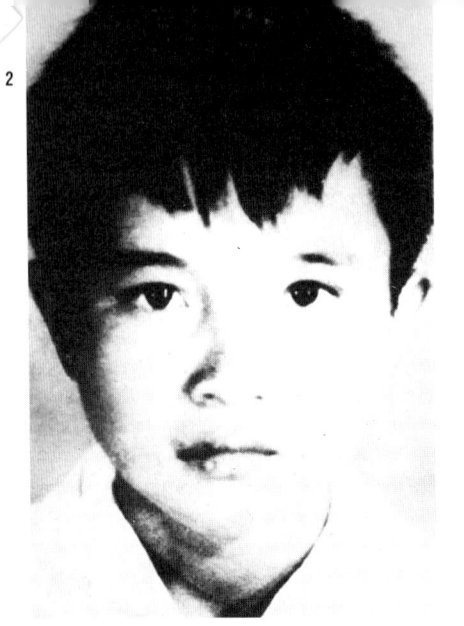

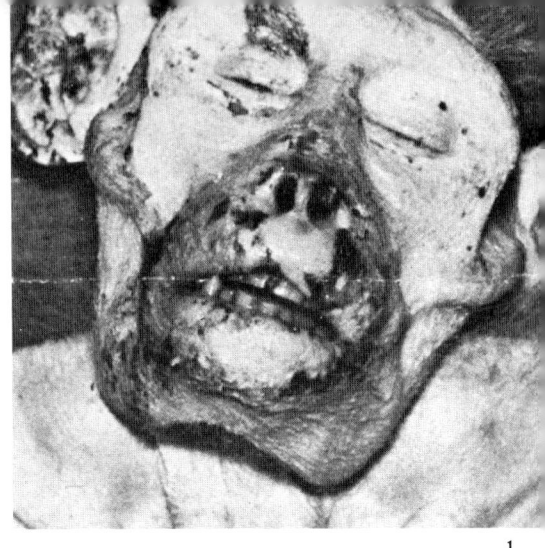

# 謎の事例13号

### 人間の強欲、愚かさ、サディズムを刻みつけた
### もうひとつの記念碑

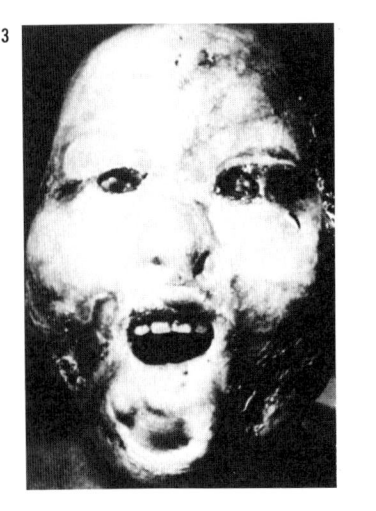

（１）『比較病理学会会報』（１９８２年５月号）は上の写真を「謎の事例１３号」として紹介し「このサルを判別不能なほど悲惨な姿に変えてしまったものは何か」という問題を出した。ヒントは「環境汚染物質」である。答えは５ページ目にあった。

　これは、ウィスコンシン州マディソンのウィスコンシン霊長類センターで、ジェイムズ・アレン氏ら研究者たちにより、ダイオキシンに冒されたサルだった。ダイオキシンは、米国空軍がベトナム、ラオス、カンボジアでの枯れ葉作戦で使用した悪名高い汚染物質、オレンジ剤の不純物である。その"副作用"で広い地域にわたって人や獣が殺され、しかも彼らは、ぼろぼろになった肺を吐き出して死ぬというおぞましい最期を遂げたのである。生き残った者たちもこのバオ少年の"使用前・使用後"写真（２、３）のように見るも無残なやけどを負った。左下の写真４は１９７０年代、北イタリア、セベソのギボーダン（ホフマン―ラ・ロッシュ社）工場でダイオキシンの蒸気がもれる事故が発生した際、被害にあった子供である。

　これら周知の事実にもかかわらず、ウィスコンシン霊長類センターのエセ科学者たちは、何年も後、主にアカゲザルを使って、しかももっぱら自分たちの楽しみと利益のために税金を使って、この災禍を再現しようと考えた。ジェイムズ・アレン氏はこの実験のために、年間３０万ドル以上の助成金を獲得した。しかし１９７９年、ウィスコンシンの研究所でサルたちがダイオキシンに冒されていく間、彼が助成金をごまかして女友達とユタやコロラドへスキーに行っていたことが知れるや、支払いは停止されてしまった。（助成金をもらえなくなったアレン氏は、その後、彼のように若く賢い研究者を求めていたある私立研究所に再就職したそうである。）

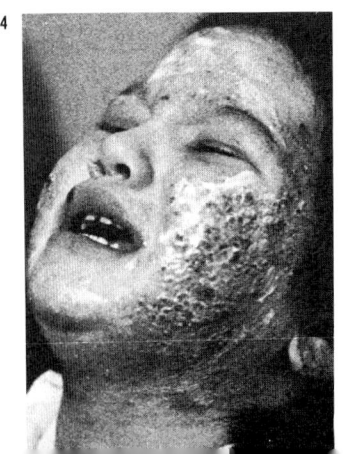

― 48 ―